Leichtbaustatik

Von Dr.-Ing. Hans-Joachim Dreyer
Professor an der Fachhochschule Hamburg

Mit 99 Bildern, 7 Tabellen und zahlreichen Beispielen

B. G. Teubner Stuttgart 1982

Prof. Dr.-Ing. Hans-Joachim Dreyer

Geboren 1926 in Lübeck. Von 1947 bis 1952 Studium der
Mathematik und Physik an der Universität Hamburg. Von
1952 bis 1957 Statiker in einem Ingenieurbüro und in
der Flugzeugindustrie. 1969 Promotion am Institut für
Luftfahrzeugbau der Technischen Universität Berlin.
Seit 1957 Dozent/Professor an der Ingenieurschule/
Fachhochschule Hamburg, Fachbereich Fahrzeugtechnik.
Seit 1965 Lehrbeauftragter für Technische Mechanik
an der Universität Hamburg

CIP-Kurztitelaufnahme der Deutschen Bibliothek

Dreyer, Hans-Joachim:
Leichtbaustatik / von Hans-Joachim Dreyer. -
Stuttgart : Teubner, 1982.

ISBN 978-3-519-02951-9   ISBN 978-3-322-92742-2 (eBook)
DOI 10.1007/978-3-322-92742-2

© B. G. Teubner, Stuttgart 1982
Gesamtherstellung: Beltz Offsetdruck, Hemsbach/Bergstraße
Umschlaggestaltung: W. Koch, Sindelfingen

Vorwort

Das hier vorgelegte Buch gibt den Inhalt meiner an der Fachhochschule
Hamburg gehaltenen Vorlesung "Festigkeit im Leichtbau I" wieder, die
für alle Studenten des Flugzeugbaus und (mit anderen Beispielen) des
Fahrzeugbaus im 4. Semester als Einführung obligatorisch ist.

Sie baut auf den für Ingenieurstudenten üblichen Grundvorlesungen über
Technische Mechanik auf und soll für die später im Leichtbau tätigen
Ingenieure einfache Berechnungsmethoden der Leichtbaustatik zeigen.
Dabei ist vor allem an die Konstrukteure gedacht, die sich schnell einen Überblick über die Größenordnung der zu erwartenden Kräfte und Spannungen machen müssen, ohne gleich eine Großrechenanlage zu benutzen.
Ebenso muß der Statiker durch Überschlagsrechnungen prüfen können, ob
die Größenordnung der von der Rechenanlage herausgegebenen Werte richtig
ist. Der zukünftige Statiker wird sich darüberhinaus mit der Methode der
finiten Elemente zur genaueren Spannungsberechnung und mit speziellen
Stabilitätsproblemen beschäftigen müssen.

Hauptthema dieses Buches sind die Spannungen und Verformungen in dünnwandigen Konstruktionen, die Stabilität dünnwandiger Bauteile und ebene
statisch unbestimmte Systeme.
Die Darstellung dieser an sich komplizierten Themen für Anfänger zwingt
häufig zu vereinfachter Darstellung. Ich habe mich bemüht, dabei die
wesentlichen Gesichtspunkte eines Problems herauszuarbeiten und an Beispielen zu verdeutlichen. So soll das einführende Beispiel zeigen, daß
vereinfachende Annahmen häufig zu erheblicher Reduzierung des Rechen-
aufwandes führen, ohne daß das wesentliche Rechenergebnis verfälscht
wird. Der Anfänger sollte dabei stets darauf achten, ob die Voraussetzungen für die vereinfachenden Annahmen erfüllt sind.

Ein zur Vorlesungsbegleitung für Studenten gedachtes Buch kann nicht zu
umfangreich sein. Deshalb konnten die Probleme der Spannungsspitzen an
einzelnen Stellen der Konstruktion und die Ermüdungsfestigkeit hier
nicht behandelt werden. Die Theorie ist für Anfänger zu kompliziert,
und praktische Hinweise werden in den Konstruktionsübungen gegeben.

Dem Verlag B.G. Teubner danke ich für die Unterstützung meines
Vorhabens und für die gute Zusammenarbeit.

Hamburg, Frühjahr 1982   H.-J. Dreyer

5

Inhaltsverzeichnis

1. Einführung

1.1 Aufgaben des Leichtbaus

Flugzeuge und Raumfahrtkörper sind nur dann wirtschaftlich oder überhaupt erst funktionsfähig, wenn ihr Eigengewicht möglichst klein ist. Man muß deshalb mechanisch hochbeanspruchte Bauteile möglichst leicht bauen. Das zwingt den Konstrukteur zur Anwendung einer aufgelösten Bauweise aus versteiften Schalenelementen und den Statiker zur Benutzung verfeinerter Rechenmethoden gegenüber der elementaren Statik.
Die Verfahren des Leichtbaus werden auch im Fahrzeugbau und im Bauingenieurwesen angewendet.

Die Strukturberechnung hat im allgemeinen mehrere Stufen :
a) Vorkonstruktion und Vordimensionierung
   Bestimmung der inneren Kräfte und Momente aus den Lastannahmen des Rohentwurfs einer Konstruktion und vorläufige Bemessung aufgrund von Annahmen und Näherungsrechnungen
b) Spannungsanalyse der vorläufigen Konstruktion mit genaueren Methoden (z.B. Finite-Elemente-Rechnung)
c) Iterative Verbesserung der Struktur

Ursachen des Versagens einer Leichtbaukonstruktion können sein :
a) Überschreiten der örtlichen Werkstoff-Festigkeit
b) Ungenügende Steifigkeit (Knicken, Kippen, Beulen)
c) Werkstoffermüdung bei wechselnder Beanspruchung
d) Auftreten zusätzlicher Kräfte und Spannungen als Folge von Ungenauigkeiten bei der Montage der Bauelemente
e) Abnutzung

In diesem Buch sollen einfache Methoden der Spannungsermittlung zur Vordimensionierung dargestellt werden. Dabei werden Kenntnisse in der elementaren Statik und der elementaren Festigkeitslehre vorausgesetzt.

1.2 Allgemeine Hinweise

a) Alle Belastungen auf möglichst kurzem Weg in die Auflager leiten. Kraftübertragung durch gerade Zugstäbe erfordert den geringsten Werkstoffaufwand.
   Kraftumlenkung vermeiden. Das folgende Beispiel zeigt drastisch, wie das Gewicht bei Biegebeanspruchung wächst.

<u>Beispiel</u>   Ein Stab soll bei zulässiger Spannung $\sigma = 20\ \frac{kN}{cm^2}$ eine Zugkraft von F = 20 kN übertragen.

Man bestimme den erforderlichen Kreisquerschnitt einmal für den geraden Stab und einmal für den Fall, daß aus konstruktiven Gründen eine Kraftumlenkung von 5 cm erforderlich ist und vergleiche die Gewichte.

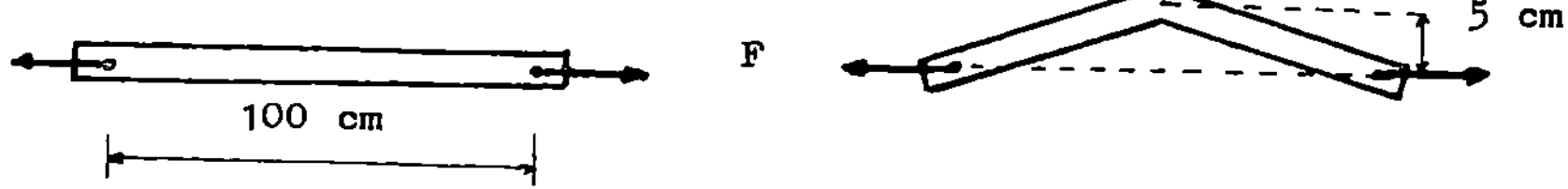

Bild 1   Zugstab ohne und mit Kraftumleitung

Reiner Zug

$$\sigma = \frac{F}{A} \leqq \sigma_{zul} \qquad A \geqq \frac{F}{\sigma_{zul}} = \frac{20\ kN}{20\ kN/cm^2} = 1\ cm^2$$

Zug und Biegung

$$\sigma = \frac{F}{A} + \frac{M_b}{W} \leqq \sigma_{zul} \qquad \frac{20\ kN}{(\frac{\pi}{4}\ d^2)} + \frac{20\ kN\ \cdot\ 5\ cm}{(\frac{\pi}{32}\ d^3)} \leqq 20\ \frac{kN}{cm^2}$$

Diese Ungleichung wird mit d = 39 mm erfüllt. Mit d = 38 mm ergibt sich der Wert ungefähr. Dann ist $A_2 = 11{,}34\ cm^2$.

Gewichtsvergleich

$$\frac{G_2}{G_1} = \frac{V_2}{V_1} = \frac{A_2 l_2}{A_1 l_1} = \frac{11{,}34\ cm^2\ \cdot\ 100{,}5\ cm}{1\ cm^2\ \cdot\ 100\ cm} = \underline{11{,}4}\quad (!)$$

b) Das geringste Konstruktionsgewicht wird erreicht, wenn die Spannungsverteilung der elementaren Biege- und Torsionstheorie möglichst gut entspricht. Im Flugzeugrumpf liegen dann die größten Zugspannungen in den Konstruktionsteilen mit dem größten Abstand von der neutralen Schicht, also oben und unten bei der Hauptbelastung Vertikalbiegung, und die größten Schubspannung aus dieser Belastung in der Nähe der neutralen Schicht in der Mittellinie.

c) Einzelkräfte werden im Flugzeugrumpf auf Spanten und in den Tragflächen auf Rippen abgesetzt. Die Krafteinleitungsstellen sollen so ausgebildet werden, daß ein möglichst gleichmäßiger Kraftfluß entsteht. Abrupte Querschnittsänderungen müssen vermieden werden.

d) Ausschnitte in der Konstruktion, die den Kraftfluß unterbrechen, müssen möglichst vermieden werden, weil die Umlenkung des Kraftflusses zusätzliches Konstruktionsgewicht zur Folge hat.

e) Die rechnerische Spannung muß kleiner als die zulässige Spannung sein. Die Verformungen dürfen die Funktionsfähigkeit nicht beeinträchtigen. Im Leichtbau muß besonders auf ausreichende Stabilität der Bauelemente geachtet werden.
Die Ermüdung des Materials durch Wechselbelastung kann die Tragfähigkeit der Konstruktion wesentlich herabsetzen.

1.3 Voraussetzungen und Annahmen

Flugzeuge sind kompliziert aufgebaute Konstruktionen, deren e x a k t e Festigkeitsberechnung nicht möglich ist. Man berechnet in jedem Fall die Festigkeit von Ersatzkonstruktionen, auch wenn man mit Hilfe der Finite-Elemente-Methode mit großem Rechenaufwand die Konstruktion gut angenähert hat. Der Rechenaufwand wächst mit dem Grad der Annäherung an die wirkliche Konstruktion erheblich an. Man kann z.B. eine Flugzeugtragfläche in erster Näherung grob als einseitig (am Rumpf) eingespannten Balken mit verteilter Belastung rechnen. Eine bessere Näherung ist eine Kragplatte mit räumlich verteilter Belastung. In Wirklichkeit liegt eine ausgesteifte Schale mit Ausschnitten vor.

Für die hier benutzten Rechenverfahren sollen, wenn nicht ausdrücklich anders vermerkt wird, folgende Annahmen getroffen werden :

a) Die untersuchten Hohlkörper sind dünnwandig. Die Wanddicke ist also so klein, daß die Änderungen von Normalspannung σ und Schubspannung τ in Richtung der Wanddicke vernachlässigt werden können.

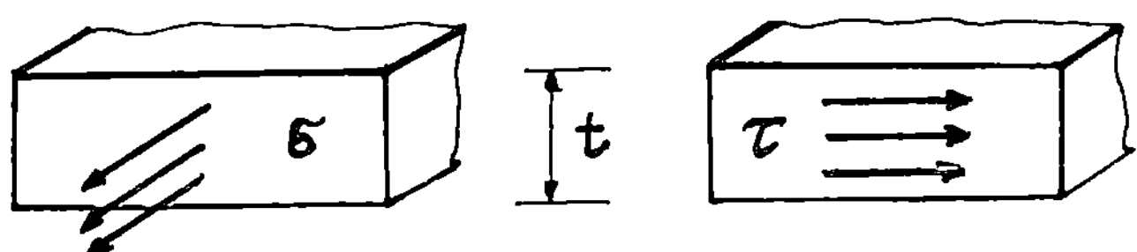

b) Die Spannung bleibt im elastischen Bereich. Das Hooke'sche Gesetz gilt.

c) Die Verformungen sind klein gegen die Abmessungen.

d) Die Querschnittsgestalt bleibt bei der Belastung erhalten.

e) Die Krafteinleitung erfolgt über Versteifungen.

f) Der Werkstoff ist homogen und isotrop.

2. <u>Spannungen und Verformungen in dünnwandigen Konstruktionen</u>

Dünnwandige Schalen gibt es im Flugzeugbau, Fahrzeugbau, Schiffbau und
Behälterbau, dickwandige Konstruktionen benötigt man z.B. im Reaktorbau.
Mit "dünnwandig" ist hier immer die relative Dünnwandigkeit gemeint, bei
der die Schalenwanddicke klein gegen die Hauptabmessung ist. Es kommt
z.B. auf die Verhältnisse von Blechdicke zu Flugzeugrumpfdurchmesser
oder Schiffswanddicke zur Schiffsbreite an.
Die Spannungen aus der Hauptbelastung in solchen Konstruktionen können
häufig mit einfachen Mitteln berechnet werden, während örtliche Spannungsspitzen nur mit größerem Aufwand und verfeinerten Methoden bestimmt
werden können.
Ein typisches Beispiel solcher Konstruktionen ist eine Flugzeugtragfläche. In Bild 3 sind die resultierende Auftriebskraft als wesentliche
Belastung und Schnittkräfte als Reaktionskräfte eingezeichnet.
Häufig wird in erster Näherung für die Biegung nur der Mittelkasten des
Tragflügels als tragend angenommen. Man erhält dadurch erste Abschät-
zungen über die Schubkräfte in den Holmstegen und die Längskräfte in den
Längsversteifungen der Schale. Diese sind dann wieder zusammen mit den
örtlich eingeleiteten Kräften die Grundlage für die Berechnung der De-
tailkonstruktion.

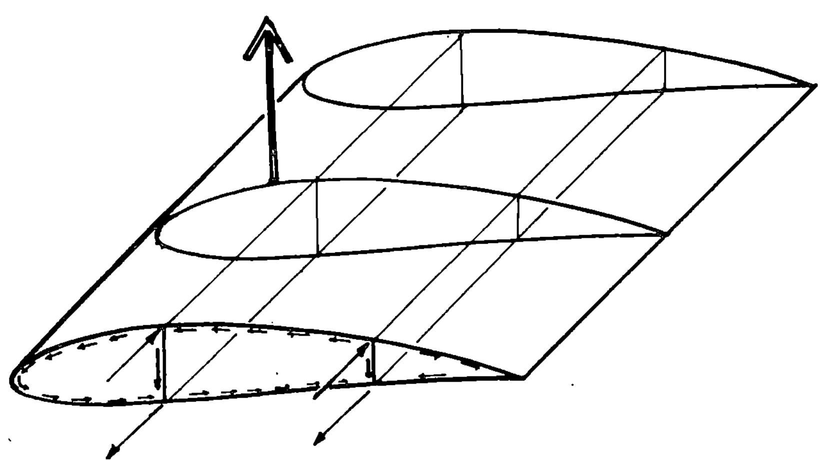

Bild 3   Resultierende Auftriebskraft und Schnittkräfte
          einer Flugzeugtragfläche

2.1   Statisch bestimmter Schubwandträger

2.1.1   Schubformel und Schubfeldschema

In der Grundvorlesung über Festigkeitslehre, deren Kenntnisse hier vorausgesetzt werden, wird die bei der Querkraftbiegung eines Trägers entstehende Schubspannung nach der Gleichung

$$\tau_{(z)} \;=\; \frac{F_Q \; S(z)}{I \; t(z)} \qquad\qquad q(z) \;=\; \tau(z)\cdot t(z) \qquad\qquad (2.1)$$

berechnet. Hierin bedeuten

F_Q die Querkraft

I das Flächenmoment 2.Ordnung (Flächenträgheitsmoment)

$t(z)$ die Wanddicke in der Höhe z oberhalb der Neutralschicht

$S(z)$ das Flächenmoment 1.Ordnung (statisches Moment) der oberhalb des Schnittes z gelegenen Flächenteile (Bild 6)

$$S(z) \;=\; \int_{z}^{z_o} z_S \; dA \;=\; \cdot \sum_{z_{Si} \geqq z} z_{Si} \; \Delta A_i \qquad\qquad (2.2)$$

Die Schubspannung ist bei langen balkenartigen Biegeträgern oft gegen die Biegespannung zu vernachlässigen. Bei hohen dünnwandigen Trägern, die im Leichtbau häufig vorkommen, müssen die Schubspannungen jedoch beachtet werden. Für diese Träger kann Gl. (2.1) wesentlich vereinfacht werden.

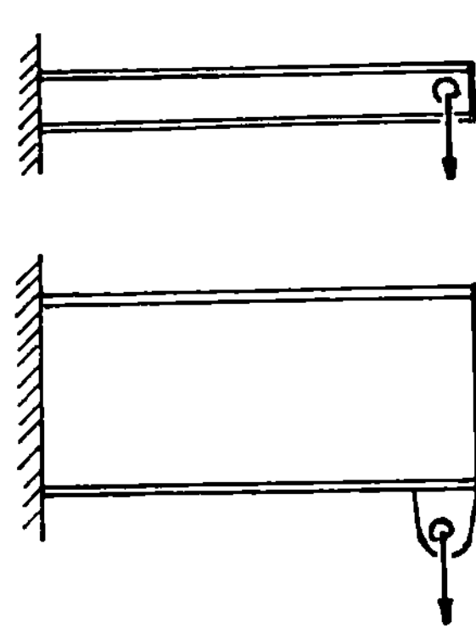

Bild 4   Träger ohne und mit Berücksichtigung der Schubspannung

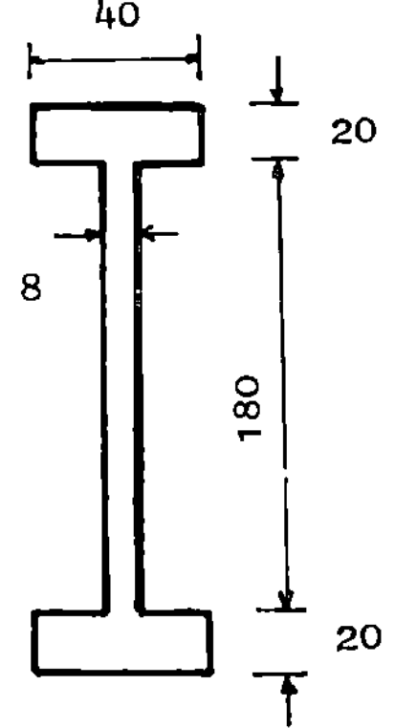

Bild 5   Querschnitt eines hochstegigen Biegeträgers

Zur Einführung wird hier an dem in Bild 5 gezeigten Trägerquerschnitt die Schubspannungsverteilung für eine Querkraft $F_Q = 1o$ kN berechnet. Mit den gegebenen Abmessungen erhält man das Flächenträgheitsmoment

$$\frac{I}{cm^4} = \frac{0,8 \cdot 18^3}{12} + 2 \left(\frac{4 \cdot 2^3}{12} + 8 \cdot 1o^2 \right)$$

$$= 389 + 2 \left(2,67 + 8oo \right) = 1994$$

Die für die Anwendung von Gl. (2.1) benötigten Größen sind in der folgenden Tabelle zusammengestellt.

Schnitt Nr.	A cm^2	z_S cm	$z_S A$ cm^3	S cm^3	t cm	kN/cm^2
0	0	11	0	0	4	0
1	4	10,5	42	42	4	0,053
2^+	4	9,5	38	80	4	0,100
2^-	0	9,5	0	80	0,8	0,502
3	0,8	8,5	6,8	86,8	0,8	0,544
4	1,6	7	11,2	98,0	0,8	0,614
5	1,6	5	8	106	0,8	0,664
6	1,6	3	4,8	110,8	0,8	0,695
7	1,6	1	1,6	112,4	0,8	0,705

In Bild 7 ist die Schubspannungsverteilung über der halben Trägerhöhe aufgetragen. Man erkennt, daß die Schubspannung im Steg fast gleichmäßig verteilt ist, und daß die Gurte nur geringe Schubspannung erleiden. Es liegt deshalb nahe, bei hochstegigen Trägern mit starken Gurten an-

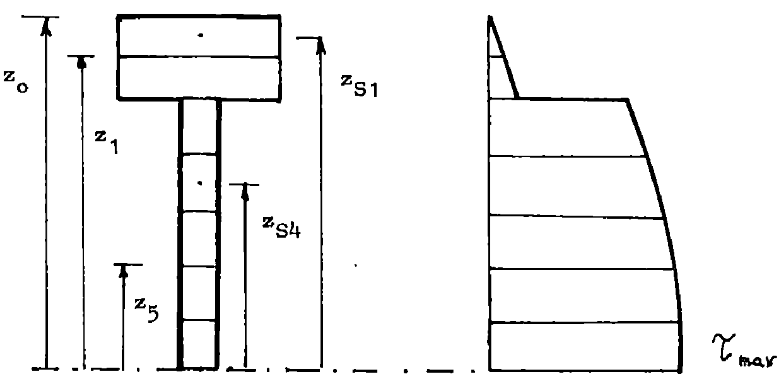

Bild 6   Schnitte und Teilflächen

Bild 7   Schubspannungsverteilung

zunehmen, daß die gesamte Querkraft durch Schubkräfte im Steg übertragen wird und daß die Schubspannung im Steg konstant ist.
Dividiert man die Querkraft durch die Stegquerschnittsfläche, so erhält
man in unserem Beispiel

$$\tau = \frac{F_Q}{h\,t} = \frac{10\ kN}{18\ cm \cdot 0,8\ cm} = 0,694\ \frac{kN}{cm^2}$$

also praktisch den Größtwert der exakten Rechnung. Wir wollen nun die
Bedingungen untersuchen, unter denen diese Näherung zulässig ist.

Allgemeine Formel

h   Steghöhe bis zum Schwerpunkt des Gurtes gemessen

t   Stegdicke

A_G Querschnittsfläche des Gurtes

I_G Flächenträgheitsmoment des Gurtes

S   Statisches Moment der oberen Querschnittshälfte

$$I = \frac{t\,h^3}{12} + 2\left(I_G + A_G\,\frac{h^2}{4} \right)$$

$$S = A_G\,\frac{h}{2} + t\,\frac{h}{2}\,\frac{h}{4} = \frac{h}{2}\left(A_G + \frac{th}{4} \right)$$

$$\tau = \frac{F_Q\,S}{I\,t} = \frac{F_Q}{t} \cdot \frac{\left(\frac{h}{2}\right)\cdot\left(A_G + \frac{th}{4}\right)}{\left(\frac{h}{2}\right)^2\cdot\left(A_G + \frac{th}{6}\right) + 2\,I_G} \tag{2.3}$$

Bei hochstegigen Trägern ist das Flächenträgheitsmoment des Gurtes
klein gegen den Anteil $A_G(h/2)^2$ und kann vernachlässigt werden (s. auch
die Zahlenwerte auf S.12 oben). Dann kann in Gl. (2.3) der Faktor h/2
gekürzt werden, und es ergibt sich

$$\tau = \frac{F_Q}{t\,h} \cdot \frac{A_G + \frac{th}{4}}{A_G + \frac{th}{6}} \tag{2.4}$$

Je dünner der Steg ist, desto mehr überwiegt der Summand A_G in Zähler
und Nenner von Gl.(2.4), so daß Zähler und Nenner sich nur wenig unter-
scheiden und der Bruch näherungsweise gleich Eins ist. Gl.(2.4) kann
dann vereinfacht werden

$$\tau \approx \frac{F_Q}{t\,h} \tag{2.5}$$

Gelegentlich ist es zweckmäßig, nicht mit den Schubspannungen zu rechnen, sondern das Produkt von Schubspannung und Wanddicke $\tau \cdot t$ zu benutzen. Wir definieren deshalb

$$\text{Schubfluß} \qquad q = \tau\, t \tag{2.6}$$

Eine weitere Idealisierung besteht in der Annahme, daß die Längskräfte im Träger nur durch die Gurte übertragen werden. Die Gurtspannung wird nach der elementaren Biegetheorie nach der Gleichung

$$\sigma = \frac{M_b}{I} \cdot \frac{h}{2} \tag{2.7}$$

berechnet, in der das Flächenträgheitsmoment bei Vernachlässigung des Eigenträgheitsmomentes der Gurte durch

$$I = 2\,A_G \left(\frac{h}{2}\right)^2 + \frac{t\,h^3}{12} = 2\left(A_G + \frac{th}{6}\right)\left(\frac{h}{2}\right)^2$$

$$= 2\,A_m \left(\frac{h}{2}\right)^2 \tag{2.8}$$

gegeben ist. A_m ist der tragende Querschnitt, der aus dem Gurtquerschnitt und den mittragenden Blechteilen besteht.
Bei sehr dünnwandigem Steg und großem Gurtquerschnitt ist der zweite Summand in der Klammer klein gegen den ersten und kann vernachlässigt werden.
Im Flugzeugbau ist es üblich, die mittragenden Blechteile zum Gurtquerschnitt hinzuzuschlagen und mit der so modifizierten Querschnittsfläche wie mit Einzelgurten zu rechnen.

Schubfeldschema

Querkräfte werden nur vom Steg übertragen

$$\tau = \frac{F_Q}{th} \qquad\qquad q = \frac{F_Q}{h}$$

Längskräfte werden nur von den Gurten übertragen

$$\sigma = \frac{M_b}{I} \cdot \frac{h}{2} = \frac{M_b}{A_m h}$$

Hier wurde I aus Gl.(2.8) in Gl.(2.7) eingesetzt und der Faktor h/2 gekürzt.

2.1.2 Schubwandträger mit Rechteckfeldern

Der rechteckige Schubwandträger ist mit einem Rechteckfachwerk ver-
gleichbar. Die Randstäbe werden als miteinander gelenkig verbunden angenommen. Die Funktion der Diagonalstäbe wird von den Schubblechen über-
nommen, die mit den Stäben durch Nietung oder Klebung verbunden sind.
Die Schubbleche übertragen die Kräfte an jedem Niet oder bei Klebung
kontinuierlich auf den Randstab, während im Fachwerk die Kräfte nur an
den Knotenpunkten übertragen werden.

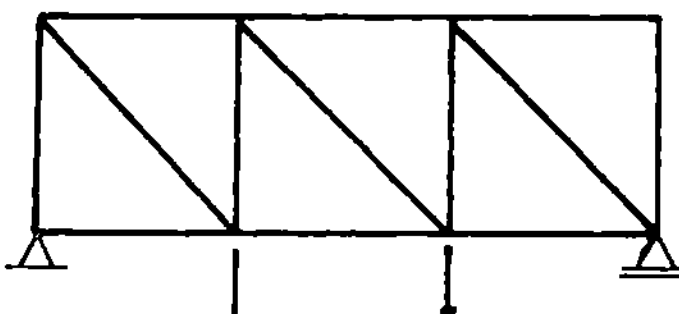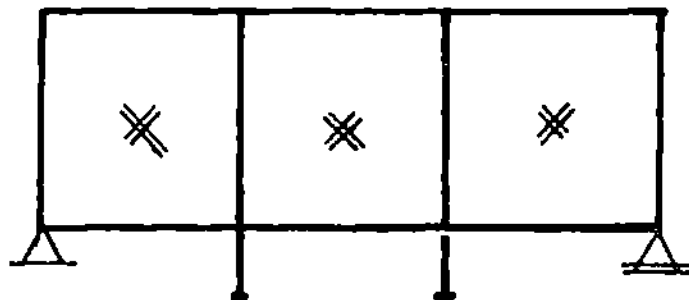

Bild 7   Vergleich von idealem Fachwerk und Schubwandträger

Die Einleitung der äußeren Kräfte erfolgt beim idealen Fachwerk an den
Knotenpunkten. Beim Schubwandträger müssen an Krafteinleitungsstellen
Versteifungsprofile in Richtung der Kraft angebracht werden. Diese Pro-
file leiten die Kräfte über die Schubbleche an die Auflager.

Die statische Bestimmtheit (Bestimmbarkeit) eines Schubwandträgers kann
ebenso wie beim Fachwerkträger mit Hilfe der Abzählbedingung erkannt
werden : Die Anzahl der unbekannten Schnittkraftgrößen und Auflager-
kraftgrößen muß mit der Anzahl der zur Verfügung stehenden Gleichgewichtsbedingungen übereinstimmen. Das Schubblech wird dabei wie ein
Diagonalstab gezählt. Die Lagerung sei statisch bestimmt.

k = Knotenanzahl s = Stabanzahl b = Blechfeldanzahl

Fachwerk   Schubwandträger

$2k = s + 3$ $2k = s + b + 3$

$2 \cdot 8 = 13 + 3$ (s. Bild 7) $2 \cdot 8 = 10 + 3 + 3$

Die Bedingung ist notwendig, aber nicht hinreichend. Das System darf
nicht "wackelig" sein. Nimmt man nämlich aus dem Fachwerk in Bild 7
den Diagonalstab des linken Feldes heraus und baut ihn in das rechte
Feld ein, so ist die Bedingung zwar noch erfüllt, das System ist jedoch

nicht tragfähig, weil das linke Feld nun einen Viergelenkrahmen bildet, der bei Belastung zusammenklappt.

Beim Schubwandträger muß vorausgesetzt werden, daß ein Blechfeld an jeder Kante mit einem Versteifungsprofil verbunden ist, weil sonst an der Kante der Schubfluß gleich Null sein müßte und bei Annahme konstanten Schubflusses damit auch im ganzen Blechfeld.

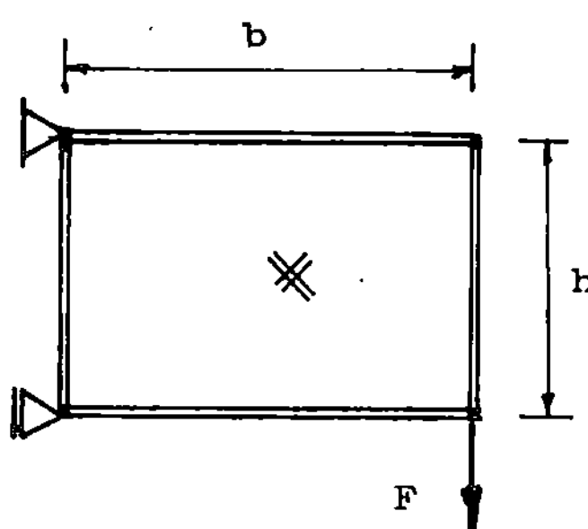

Der einfachste Schubwandträger besteht aus einem rechteckigen Schubblech und vier gelenkig miteinander verbundenen Randstäben. (Bild 8) In Bild 9 sind die einzelnen Teile des Schubwandträgers freigemacht und die zwischen ihnen wirkenden inneren Kräfte als äußere Kräfte an den Schnittufern angetragen.

Bild 8   Einfacher Schubwandträger

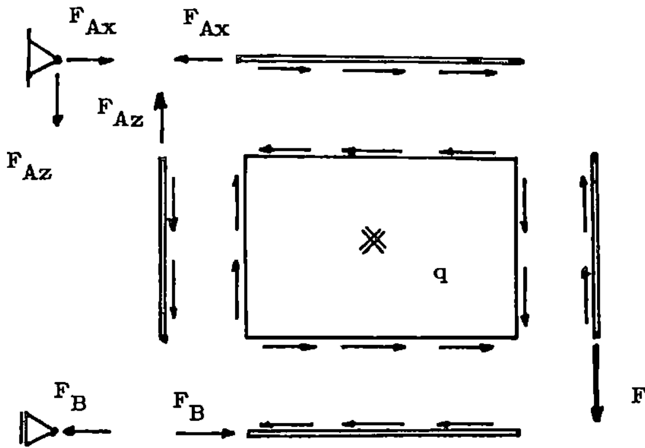

Bild 9   Freigemachte Teile des Schubwandträgers

Der Schubfluß im Blechfeld und die Auflagerkräfte ergeben sich aus den Gleichgewichtsbedingungen für jeden Stab.

$$\text{rechter Vertikalstab} \qquad q\,h = F$$

$$\text{daraus Blechschubfluß} \qquad q = \frac{F}{h} \qquad (2.9)$$

$$\text{linker Vertikalstab} \qquad F_{Az} = q\,h = F$$

oberer Stab $\qquad F_{Ax} = q\,b = F\dfrac{b}{h}$

unterer Stab $\qquad F_B = q\,b = F\dfrac{b}{h}$

Die Richtung des Schubflusses kann man am rechten Vertikalstab erkennen. Der Gegenschubfluß an der Blechfeldkante hat die entgegengesetzte Richtung. Damit kann man alle Randschubflüsse eintragen und aus den Schubflüssen am gegenüberliegenden Schnittufer an den Stäben die Richtungen der Lagerkräfte erkennen.

Längskraftverteilung im Randstab

Aus dem Gleichgewicht zum Beispiel am geschnittenen Vertikalstab ergibt sich bei Annahme gleichmäßiger Schubflußverteilung eine lineare Verteilung der Längskraft im Stab.

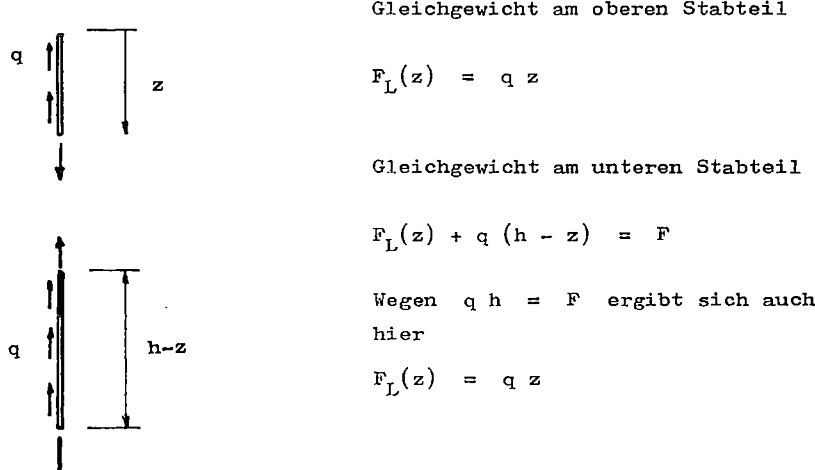

Gleichgewicht am oberen Stabteil

$$F_L(z) = q\,z$$

Gleichgewicht am unteren Stabteil

$$F_L(z) + q\,(h - z) = F$$

Wegen $q\,h = F$ ergibt sich auch hier

$$F_L(z) = q\,z$$

Bild 10   Längskraftverlauf im Stab

Bei gleichmäßiger Krafteinleitung über Klebung erhält man also eine Linearfunktion. Bei gleichmäßiger Einleitung der Kraft über Niete ergibt sich eine stufenförmige Kraftverteilung. (Bild 11).
In Wirklichkeit sieht die Kraftverteilung anders als die hier gezeichnete aus, weil im Schubfeldschema die Verträglichkeitsbedingungen der Verformung nicht erfüllt sind.

Der Stab erfährt eine Dehnung, während die Schubfeldkante ihre Länge behält. Die Verformungen im idealisierten Ersatzsystem (Schubfeldschema) passen also nicht zueinander. In Wirklichkeit trägt auch das Blechfeld Längskräfte, der Schubfluß ist nicht konstant, und die Längskraft im Randstab verläuft nicht linear. Die Niete im Krafteinleitungsbereich übertragen größere Kräfte als die Niete am Ende des Stabes.

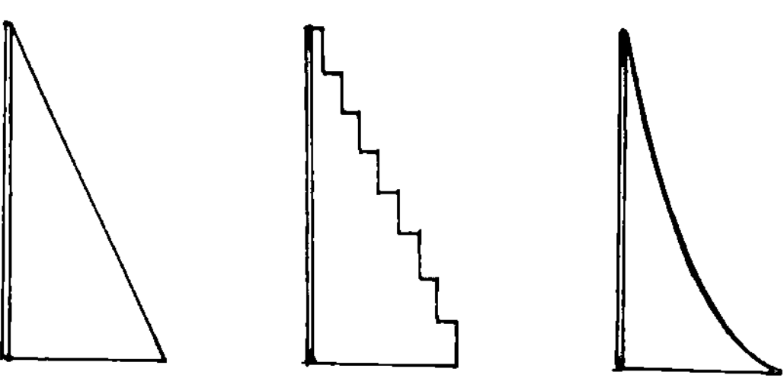

Bild 11   Kraftverlauf im Randstab

Beispiel zum Rechteckfeld

Absetzen einer gleichmäßig verteilten Längskraftgruppe auf zwei Anschlußstellen oder umgekehrt Krafteinleitung in ein versteiftes Schubfeld.

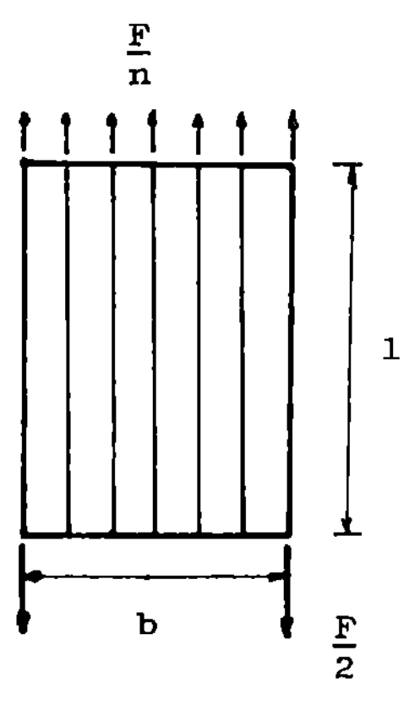

n   Längsversteifungen

n-1   Schubbleche

F   Gesamtkraft

Schubflüsse in jedem Blech konstant

Längskräfte in jedem Stab linear

Bild 12   Versteiftes Schubfeld

Die Schubflüsse kann man entweder aus den Gleichgewichtsbedingungen an
jedem freigemachten Stab oder an einer Teilscheibe (Längsschnitt durch
ein Blechfeld) berechnen. Das wird hier einmal an einem Zweifeldträger
und einmal an einem Dreifeldträger gezeigt (Bilder 13 und 14).

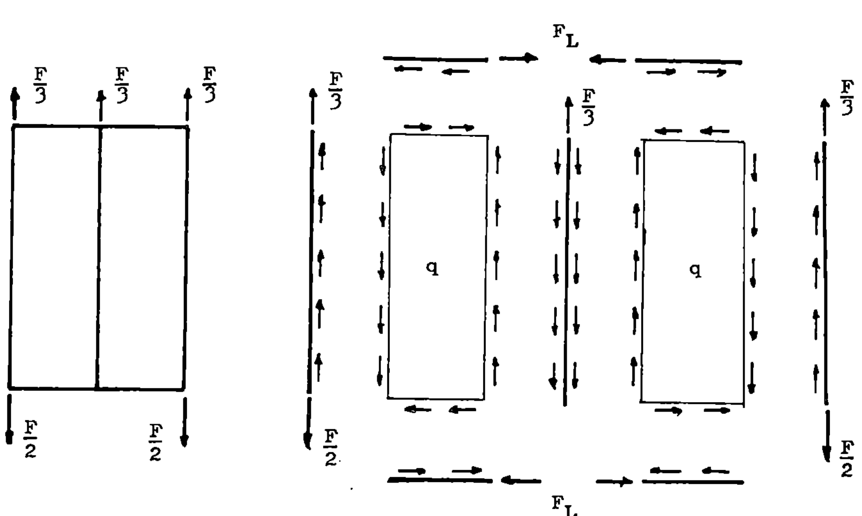

Bild 13   Freigemachter Schubfeldträger

Wegen der Symmetrie sind die beiden Schubflüsse gleich groß.

Gleichgewicht am linken Stab :

$$\frac{F}{3} + q\,l = \frac{F}{2} \qquad\qquad q = \frac{F}{6\,l}$$

Gleichgewicht am Mittelstab :

$$2\,q\,l = \frac{F}{3} \qquad\qquad q = \frac{F}{6\,l}$$

Außer an den Längsstäben treten auch in den Querstäben Längskräfte auf.
Da diese außen nicht abgenommen werden, sind sie dort Null und wachsen
zur Mitte hin linear auf den Wert

$$F_L = q\,\frac{b}{2} = \frac{F}{12}\cdot\frac{b}{1}$$

an. Aus der Pfeilrichtung der Schubflüsse erkennt man im oberen Querträger Druckkräfte und im unteren Querträger Zugkräfte.

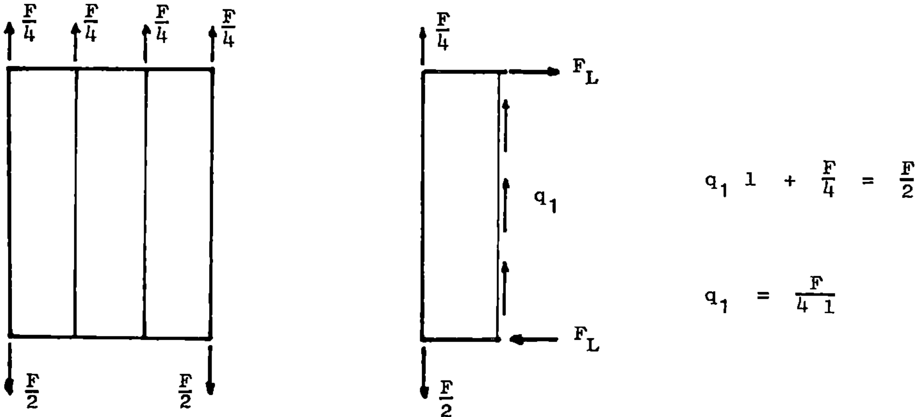

Bild 14   Längsschnitt durch ein Schubfeld

Im Mittelfeld des Dreifeldträgers ist der Schubfluß wegen der symmetrischen Belastung gleich Null. Die Längskraft im Querstab ist außen Null und wächst im ersten Feld auf

$$F_L = q_1 \frac{b}{3} = \frac{F}{12} \cdot \frac{b}{1}$$

an. Im Stab über dem Mittelfeld ist sie konstant, weil keine Schubkraft eingeleitet wird.

Bei n Stäben kann man den Schubfluß im i-ten feld aus Gleichgewichtsbedingungen an der durch dieses Feld geschnittenen Teilscheibe berechnen. Aus Bild 15 liest man ab

$$q_i \, 1 \, + \, i \frac{F}{n} \, = \, \frac{F}{2} \qquad\qquad q_i \, 1 \, = \, F \left(\frac{1}{2} - \frac{i}{n}\right)$$

$$q_i \, = \, \frac{F}{1} \cdot \frac{n - 2i}{2n} \qquad\qquad\qquad (2.10)$$

Wenn n gerade ist, so ist im mittleren Feld $(i = n/2)$ der Schubfluß gleich Null. Das ergibt sich natürlich auch ohne Rechnung aus der Symmetriebetrachtung.

Die Längskraft im Querstab verläuft wegen des stückweise konstanten Schubflusses stückweise linear. Am Ende des ersten Feldes beträgt sie

$$F_{L1} \, = \, q_1 \frac{b}{n-1}$$

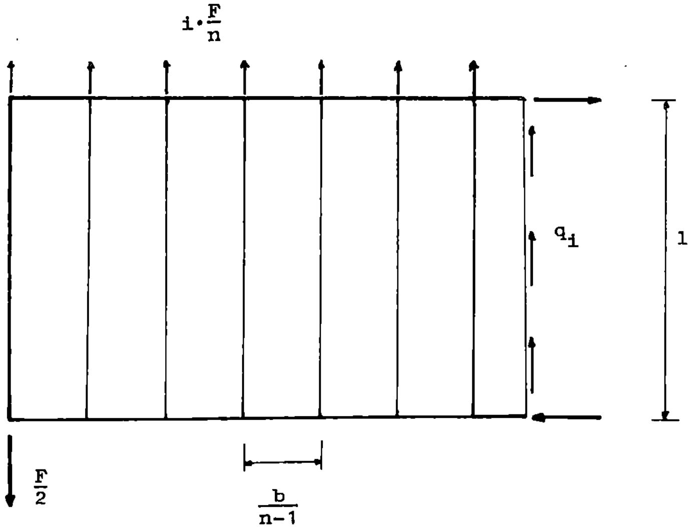

Bild 15   Krafteinleitung in ein Schubfeld

am Ende des zweiten Feldes

$$F_{L2} \;=\; q_1\,\frac{b}{n-1}\;+\;q_2\,\frac{b}{n-1}\;=\;(q_1 + q_2)\,\frac{b}{n-1}$$

am Ende des i-ten Feldes

$$F_{Li}\;=\;\frac{b}{n-1}\sum_{k=1}^{i} q_k\;=\;\frac{b}{n-1}\cdot\frac{F}{1}\sum_{k=1}^{i}\left(\frac{1}{2}-\frac{k}{n}\right)$$

$$=\;\frac{b}{n-1}\cdot\frac{F}{1}\left(\frac{i}{2}-\frac{i(i+1)}{2n}\right)\;=\;F\,\frac{b}{1}\cdot\frac{i}{2n}\cdot\frac{n-1-i}{n-1}$$

Bei ungeradem n ergibt sich in der Mitte für i = (n-1)/2

$$F_L\;=\;F\,\frac{b}{1}\cdot\frac{n-1}{8n} \tag{2.11}$$

2.1.3 Schubwandträger mit Trapezfeld

Wegen der erforderlichen Leichtigkeit der Konstruktion werden Tragflä-
chenholme häufig so gebaut, daß das größte Flächenträgheitsmoment und
damit die größte Trägerhöhe dort liegt, wo auch das größte Biegemoment
auftritt, an der Flügelwurzel. Der Träger kann daher als Trapezfeld mit
geneigten Gurten konstruiert werden (Bild 16).

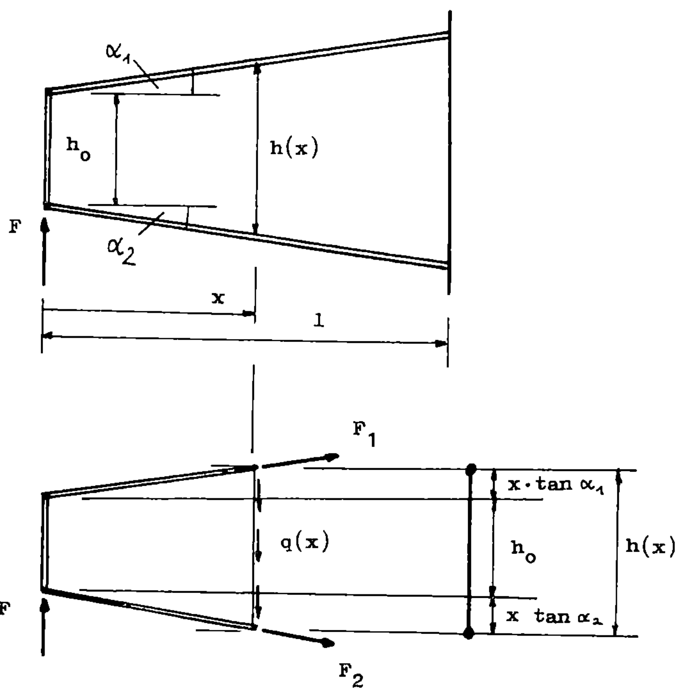

Bild 16   Trapezfeld

Der Feldschubfluß kann nicht mehr nach Gl.(2.9) berechnet werden, weil die geneigten Gurte einen Teil der Querkraft übertragen. Wegen der veränderlichen Trägerhöhe muß der Schubfluß eine Funktion der Trägerlängskoordinate x sein.

Man erhält den Schubfluß und die Gurtkräfte aus den Gleichgewichtsbedingungen am abgeschnitten gedachten Trägerteil. Dabei wird wieder vorausgesetzt, daß der Steg nur Schub und die Gurte nur Längskräfte übertragen.

Gleichgewichtsbedingungen :

Längsrichtung

$$F_1 \cos\alpha_1 + F_2 \cos\alpha_2 = 0$$

Querrichtung

$$F_1 \sin\alpha_1 - F_2 \sin\alpha_2 - q(x)\,h(x) + F = 0$$

Momente
$$F_1 \cos\alpha_1 \cdot h(x) + F \cdot x = 0$$

Bezugsachse:
Schnitt des Untergurtes

Aus der letzten und der ersten Gleichung erhält man sofort die Gurtkräfte

$$F_1 = - \frac{F\,x}{h(x)\,\cos\alpha_1} \qquad\qquad F_2 = + \frac{F\,x}{h(x)\,\cos\alpha_2}$$

Setzt man diese Werte in die zweite Gleichung ein, so erhält man

$$q(x)\,h(x) = F + F_1 \sin\alpha_1 + F_2 \sin\alpha_2$$

$$= \frac{F}{h(x)}\left[\,h(x) - x\,\tan\alpha_1 - x\,\tan\alpha_2\,\right]$$

Nach Bild 16 ist der Ausdruck in der eckigen Klammer gleich h_0.
Damit ergibt sich für den Schubfluß im Schnitt x des Trapezfeldes

$$q(x) = \frac{F}{h(x)}\cdot\frac{h_0}{h(x)} = \frac{F}{h_0}\left[\frac{h_0}{h(x)}\right]^2 \qquad\qquad (2.12)$$

Der Schubfluß ist bei $x = 0$ am größten und nimmt mit wachsendem x ab,
weil dann der auf den Steg entfallende Anteil der Querkraft auf eine
größere Höhe verteilt wird.
Gl. (2.12) kann so gedeutet werden, daß eine wegen der Gurtanteile verminderte Querkraft $F\,h_0/h(x)$ durch die Trägerhöhe $h(x)$ geschoben wird
oder daß der maximale Schubfluß $q(0) = F/h_0$ mit der in Bild 17 gezeichneten Abminderungsfunktion $\left[h_0/h(x)\right]^2$ multipliziert wird.

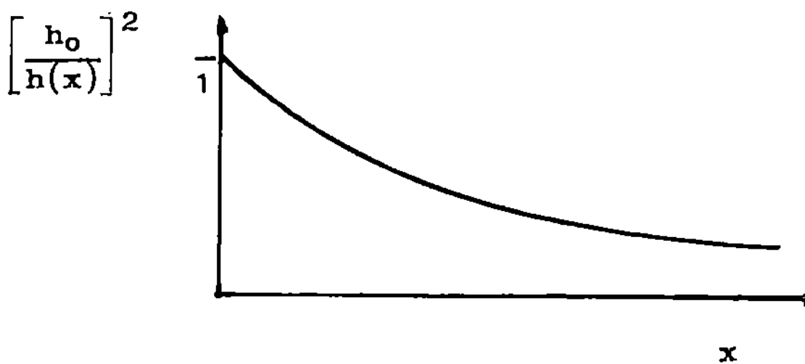

Bild 17   Abminderungsfunktion für den Schubfluß

2.2 Dünnwandige Träger mit offenem Profil

2.2.1 Schnittgrößen

Aus der elementaren Festigkeitslehre ist die Berechnung der Schnittgrößen eines Balkens bekannt. Sie werden aus Gleichgewichtsbedingungen
zwischen den äußeren Kräften und Momenten und den inneren Kräften und
Momenten am abgeschnitten gedachten Teil des Trägers bestimmt.
Dabei wird im allgemeinen die Belastung in Kräfte parallel zu den Hauptträgheitsachsen und Momente um die Hauptträgheitsachsen des Querschnittes zerlegt. Die Spannungen werden dann mit Hilfe der elementaren Biegetheorie und der elementaren Torsionstheorie aus den Schnittgrößen für
jede Hauptachse berechnet und überlagert.
Dabei werden die Biegespannungen als linear über der Trägerhöhe angenommen.

$$\sigma = \frac{M_{by}}{I_y} z + \frac{M_{bz}}{I_z} y \tag{2.13}$$

Die Schubspannung infolge der Querkraftbiegung ergibt sich aus der Anwendung der Gl.(2.1) für beide Hauptachsen und Überlagerung.
Die Schubspannung aus Torsion kann näherungsweise aus der Gleichung

$$\tau_{max} = \frac{M_t}{I_t} t_{max} \qquad \text{mit} \qquad I_t = \frac{1}{3} \sum h t^3 \tag{2.14}$$

berechnen. Hierin ist t die Wanddicke und h die Breite eines Quer-
schnittsteiles. Bei dünnwandigen Trägern ist die Wanddicke t klein
gegen die übrigen Abmessungen. Deshalb ist die Drillsteifigkeit von
dünnwandigen Trägern mit offenem Profil klein gegen die eigene Biegesteifigkeit und auch gegen die Drillsteifigkeit von Trägern mit geschlossenem Querschnitt.
Bei Verwendung des Schubfeldschemas für dünnwandige Träger mit offenem
Profil werden die Längskräfte nur durch die Gurte und die Schubflüsse
nur durch die Blechfelder übertragen (Bild 18).
Für einen solchen Fall wird die Berechnung der Schnittgrößen hier vor-
genommen. Mit den Bezeichnungen aus Bild 18 und folgenden Zahlenwerten
werden die Schnittgrößen berechnet :

$$F_z = 5 \text{ kN} \qquad h = 24 \text{ cm} \qquad A_1 = 8 \text{ cm}^2$$
$$F_y = 1 \text{ kN} \qquad b = 15 \text{ cm} \qquad A_2 = 6 \text{ cm}^2$$
$$l = 100 \text{ cm}$$

In den Querschnittsflächen sind die mittragenden Teile der Blechfelder
bereits eingerechnet. Die Querkraft F_z greift so an, daß keine Ver-

drillung des Trägers eintritt (s.Abschn. 2.2.3).

Der Schwerpunkt des Querschnittes liegt in halber Höhe und von der linken Kante um den Betrag

$$e_y = \frac{A_1}{A_1 + A_2}\, b = \frac{8}{14} \cdot 15 \text{ cm} = 8{,}57 \text{ cm}$$

entfernt. Die Flächenträgheitsmomente um die Hauptachsen sind

$$I_y = \sum A \left(\frac{h}{2}\right)^2 = 2 \cdot (8 + 6)\,\text{cm}^2 \cdot (12 \text{ cm})^2 = 4032 \text{ cm}^4$$

$$I_z = 2\left[A_2\, e_y^2 + A_1\, (b - e_y)^2\right] = 2 \cdot (6 \cdot 8{,}57^2 + 8 \cdot 6{,}43^2)$$
$$= 1543 \text{ cm}^4$$

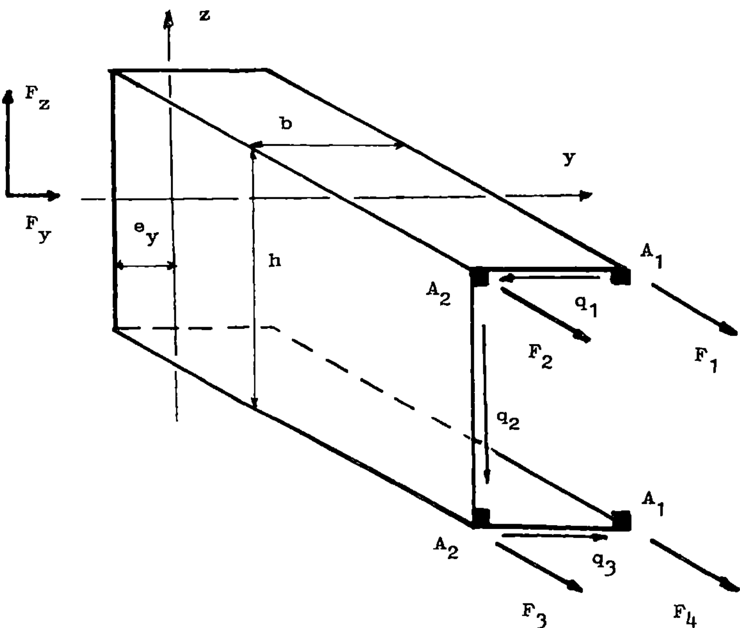

Bild 18   Schnittkräfte am Schubwandträger mit offenem Profil

Berechnung der Längskräfte in den Randversteifungen der Felder

a) Biegung um die y-Achse

$$\sigma_1 = \frac{M_y}{I_y}\, z = \frac{F_z\, l}{I_y} \cdot \frac{h}{2} = \frac{5 \text{ kN} \cdot 100 \text{ cm}}{4032 \text{ cm}^4} \cdot 12 \text{ cm} = 1{,}488 \frac{\text{kN}}{\text{cm}^2}$$

Hieraus erhält man die Längskräfte durch Multiplikation mit der jeweiligen Querschnittsfläche.

$$F_{11} = \sigma_1 A_1 = 1{,}488 \text{ kN/cm}^2 \cdot 8 \text{ cm}^2 = 11{,}90 \text{ kN} \qquad \text{Druck}$$

$$F_{21} = \sigma_1 A_2 = 1{,}488 \text{ kN/cm}^2 \cdot 6 \text{ cm}^2 = 8{,}93 \text{ kN} \qquad \text{Druck}$$

$$F_{32} = 11{,}90 \text{ kN} \qquad \text{Zug}$$

$$F_{42} = 8{,}93 \text{ kN} \qquad \text{Zug}$$

b) Biegung um die z-Achse

$$\sigma_2 = \frac{M_z}{I_z}\, y = \frac{F_y \, l}{I_z} \cdot e_y \qquad\qquad \text{bzw.} \qquad \frac{F_y \, l}{I_z}\, (b - e_y)$$

$$F_{21} = \sigma_2 A_1 = \frac{1 \text{ kN} \cdot 100 \text{ cm}}{1543 \text{ cm}^4} \cdot 6{,}43 \text{ cm} \cdot 8 \text{ cm}^2 = 3{,}33 \text{ kN} \atop \text{Druck}$$

$$F_{22} = \sigma_2 A_2 = \frac{1 \text{ kN} \cdot 100 \text{ cm}}{1543 \text{ cm}^4} \cdot 8{,}57 \text{ cm} \cdot 6 \text{ cm}^2 = 3{,}33 \text{ kN} \atop \text{Zug}$$

$$F_{32} = 3{,}33 \text{ kN} \qquad \text{Zug}$$

$$F_{42} = 3{,}33 \text{ kN} \qquad \text{Druck}$$

c) Überlagerung

$$F_1 = F_{11} + F_{21} = 11{,}90 \text{ kN Druck} + 3{,}33 \text{ kN Druck} = 15{,}23 \text{ kN} \atop \text{Druck}$$

$$F_2 = 8{,}93 \text{ kN Druck} + 3{,}33 \text{ kN Zug} = 5{,}60 \text{ kN} \qquad \text{Druck}$$

$$F_3 = 11{,}90 \text{ kN Zug} + 3{,}33 \text{ kN Zug} = 15{,}23 \text{ kN} \qquad \text{Zug}$$

$$F_4 = 8{,}93 \text{ kN Zug} + 3{,}33 \text{ kN Druck} = 5{,}60 \text{ kN} \qquad \text{Zug}$$

Berechnung der Schubflüsse

a) Biegung um die y-Achse

$$q_{11} = \frac{F_z \, S_y}{I_y} = \frac{F_z \, A_1 \frac{h}{2}}{I_y} = \frac{5 \text{ kN} \cdot 8 \text{ cm}^2 \cdot 12 \text{ cm}}{4032 \text{ cm}^4} = 0{,}119 \, \frac{\text{kN}}{\text{cm}}$$

$$q_{21} = \frac{F_z \left(A_1 \frac{h}{2} + A_2 \frac{h}{2}\right)}{I_y} = \frac{5\,(8 \cdot 12 + 6 \cdot 12)}{4032} \, \frac{\text{kN}}{\text{cm}} = 0{,}208 \, \frac{\text{kN}}{\text{cm}}$$

$$q_{31} = \frac{F_z \left(A_1 \frac{h}{2} + A_2 \frac{h}{2} + A_3 \left(-\frac{h}{2}\right)\right)}{I_y} = 0{,}119 \, \frac{\text{kN}}{\text{cm}}$$

b) Biegung um die z-Achse

$$q_{12} = \frac{F_y \, S_z}{I_z} = \frac{F_y \, A_1 \, y_1}{I_z} = \frac{1 \text{ kN} \cdot 8 \text{ cm}^2 \cdot 6{,}43 \text{ cm}}{4032 \text{ cm}^4} = 0{,}033 \atop \text{kN/cm}$$

$$q_{22} = \frac{F_y \, (A_1 y_1 + A_2 y_2)}{I_z}$$

$$= \frac{1 \text{ kN} \, (8 \text{ cm}^2 \cdot 6{,}43 \text{ cm} + 6 \text{ cm}^2 \cdot (- 8{,}57 \text{ cm}))}{1543 \text{ cm}^4} = 0$$

Die Null ergibt sich auch aus der Symmetrie des Profils zur y-Achse.

$$q_{32} = - q_{12} = - 0{,}033 \, \frac{\text{kN}}{\text{cm}} \qquad \text{wegen der Symmetrie}$$

c) Überlagerung

$$q_1 = q_{11} + q_{12} = 0{,}119 \, \frac{\text{kN}}{\text{cm}} + 0{,}033 \, \frac{\text{kN}}{\text{cm}} = 0{,}152 \, \frac{\text{kN}}{\text{cm}}$$

$$q_2 = q_{21} + q_{22} = 0{,}208 \, \frac{\text{kN}}{\text{cm}}$$

$$q_3 = q_{31} + q_{32} = 0{,}119 \, \frac{\text{kN}}{\text{cm}} + (-0{,}033 \, \frac{\text{kN}}{\text{cm}}) = 0{,}086 \, \frac{\text{kN}}{\text{cm}}$$

Kraft und Moment eines Schubflusses im gekrümmten Blech

Bei dem in Bild 19 gezeigten Schubwandträgerquerschnitt verläuft die resultierende Schubkraft in der Verbindungslinie der Randgurte und hat bezüglich eines Punktes dieser Linie kein Moment.

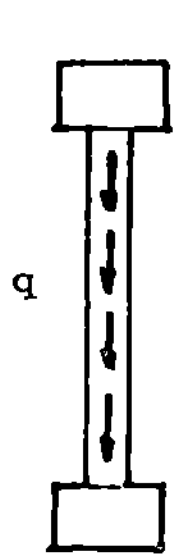

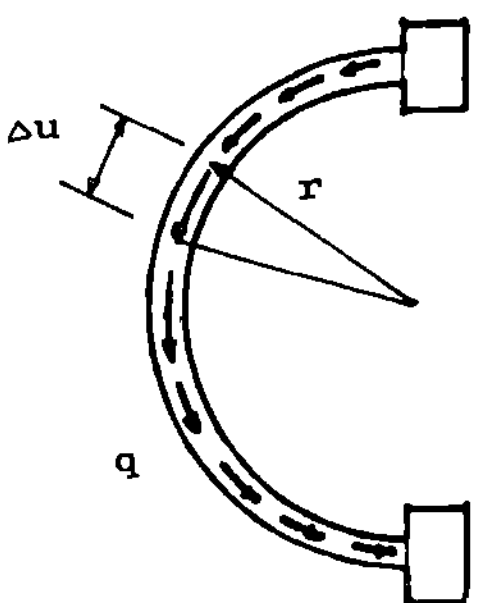

Bild 19   Schubkraft   Bild 20   gekrümmter Schubwandträger

Bei dem in Bild 20 dargestellten Profil eines dünnwandigen Trägers mit Halbkreisquerschnitt ist deutlich zu erkennen, daß auf jedem Umfangsteilchen Δu eine Kraft $\Delta F = q \cdot \Delta u$ in Umfangsrichtung wirkt, die bezüglich des Kreismittelpunktes ein Moment $\Delta M = \Delta F \cdot r$ hat. Das resultierende Moment bezüglich des Kreismittelpunktes beträgt demnach

$$M = \sum \Delta M = \sum \Delta F \cdot r = q \, r \cdot \sum \Delta u = q \, r \cdot \pi r = \pi r^2 \cdot q \qquad (2.15)$$

Die Horizontalkomponenten der Kraftanteile auf den einzelnen Umfangsteilchen heben sich gegenseitig auf. Die Vertikalkomponente von
$\Delta F = q \cdot \Delta u$ ist $\Delta F_z = q \cdot \Delta z$ (s.Bild 21). Die Resultierende dieser
Komponenten lautet

$$F_z = \sum \Delta F_z = \sum q \cdot \Delta z = q \cdot \sum \Delta z = q \cdot 2r \qquad (2.16)$$

Die Kraftresultierende verläuft hier also vertikal und hat wie beim
geraden Träger den Betrag $F_z = q\,h$.
Wir suchen jetzt für den in Bild 21 gezeichneten allgemein gekrümmten
Trägerquerschnitt die resultierende Kraft und das Moment des konstanten
Schubflusses q bezüglich des Punktes P, der willkürlich gewählt ist.

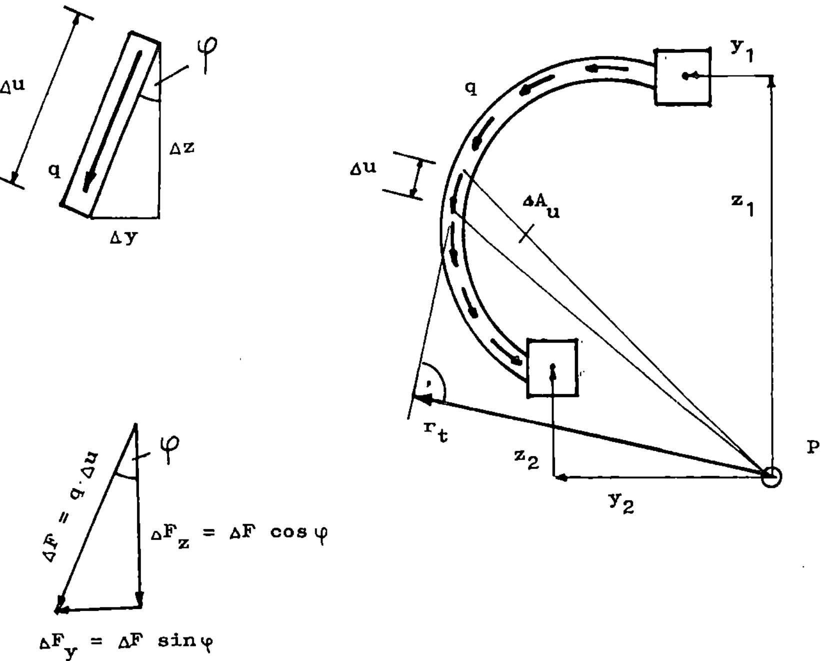

Bild 21   Kraft uns Moment im gekrümmten Schubwandträger

Die Kraft im Umfangsteilchen Δu ist $\Delta F = q \cdot \Delta u$. Ihre Komponenten
sind

$$\Delta F_y = q \cdot \Delta u \sin \varphi = q \cdot \Delta y$$

$$\Delta F_z = q \cdot \Delta u \cos \varphi = q \cdot \Delta z$$

Durch Aufsummieren im ganzen Umfang erhält man die Beträge

$$F_y = \sum \Delta F_y = q \sum \Delta y = q \, | y_2 - y_1 |$$

$$F_z = \sum \Delta F_z = q \sum \Delta z = q \, | z_2 - z_1 | \qquad (2.17)$$

Hieraus liest man ab, daß die Kraft parallel zur Verbindungslinie der Randgurte verläuft und den Betrag

$$F = \sqrt{F_y^2 + F_z^2} = q \sqrt{(y_2 - y_1)^2 + (z_2 - z_1)^2}$$

hat. Die Wurzel ist der Abstand a der beiden Randgurte.
Das Moment des Kraftanteils $\Delta F = q \cdot \Delta u$ bezüglich des Punktes P ist

$$\Delta M = \Delta F \cdot r_t = q \cdot \Delta u \cdot r_t$$

Summiert man über den ganzen Umfang, so ergibt sich das resultierende Moment bezüglich des beliebig gewählten Punktes P

$$M = \sum \Delta M = q \cdot \sum (\Delta u \, r_t) \qquad (2.18)$$

Die Summe in Gl. (2.18) kann als das Doppelte der in Bild 22 schraffiert gezeichneten Fläche gedeutet werden. Das schraffierte Dreieck in Bild 19 hat nämlich die Fläche

$$\Delta A = \frac{1}{2} \Delta u \, r_t$$

Hierin ist Δu die Grundlinie und r_t die Höhe des Dreiecks. Es gilt also

$$\Delta u \, r_t = 2 \Delta A$$

Die Summe der aus allen Umfangsteilchen Δu mit ihren zugehörigen Dreieckshöhen r_t , den Hebelarmen der Momentgleichung, gebildeten Dreiecksflächen ist aber die in Bild 22 schraffierte Fläche A_u . Sie wird durch die Mittellinie des Blechfeldes und die Verbindungslinien des Bezugspunktes mit den Randgurten begrenzt. Der Index u bei der Fläche soll andeuten, daß es sich um die umschriebene Fläche, nicht aber um eine Querschnittsfläche handelt.

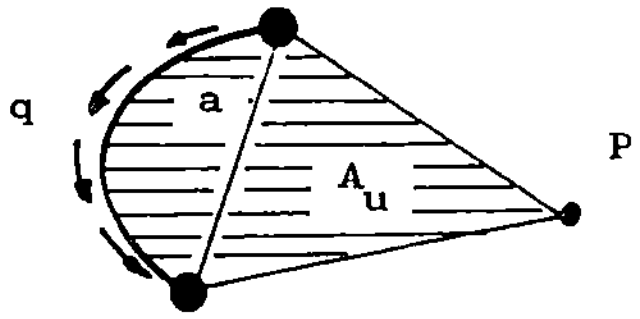

$$F = q \cdot a \qquad (2.19)$$

$$M = q \cdot 2 A_u \qquad (2.20)$$

Bild 22   Kraft und Moment im gekrümmten Schubwandträger

2.2.2 Schubmittelpunkt

Wegen der geringen Drillsteifigkeit von Trägern mit offenem Profil muß
die Querkraft in diese Träger so eingeleitet werden, daß keine Torsions-
beanspruchung auftritt. Bei symmetrischen Trägern ist das der Fall,
wenn die Querkraft im Schwerpunkt des Profils eingeleitet wird.
Bei Trägern, die nicht symmetrisch zur Lastebene sind, ergibt sich bezüglich des Schwerpunktes im allgemeinen ein Moment der Schnittkräfte
(s.Bild 18). Soll keine Torsion auftreten, so muß die äußere Kraft so
eingeleitet werden, daß sie bezüglich des Schwerpunktes oder eines anderen beliebig gewählten Bezugspunktes ein dem Moment der Schnittkräfte
entgegendrehendes Moment gleichen Betrages hat.

Der Punkt, durch den die resultierende Querkraft gehen muß, damit keine
Torsion auftritt, nennt man den Schubmittelpunkt des Profils.

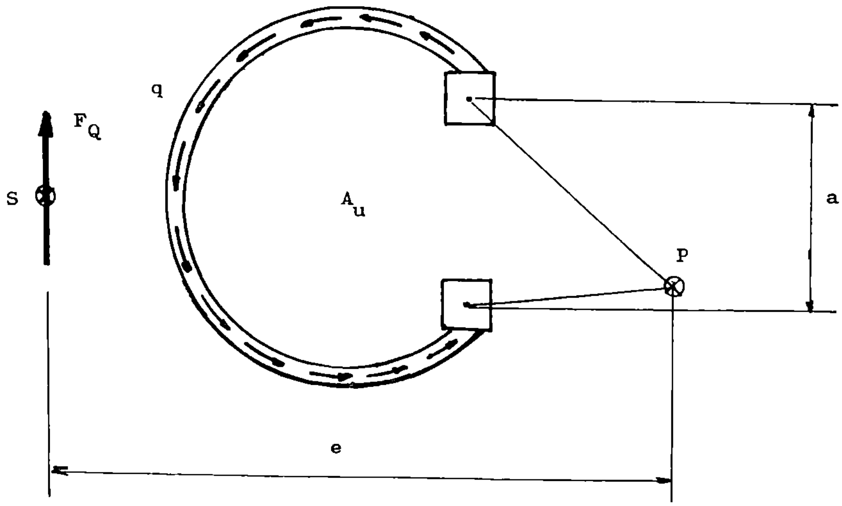

Bild 23   Schubmittelpunkt eines Schubwandträgers

Bei einem Schubfeldträger mit 2 Randgurten und konstantem Schubfluß
zwischen diesen läßt sich die Lage des Schubmittelpunktes leicht angeben.
Aus dem Momentgleichgewicht bezüglich des Punktes P erhält man mit den
Gl. (2.19) und (2.20)

$$F_Q \, e \; = \; M(q) \; = \; q \cdot 2A_u \; = \; \frac{F_Q}{a} \cdot 2A_u$$

$$e \; = \; \frac{2\,A_u}{a} \tag{2.21}$$

In Bild 24 sind für drei Querschnitte die mit dieser Gleichung berechneten Schubmittelpunkte eingezeichnet.

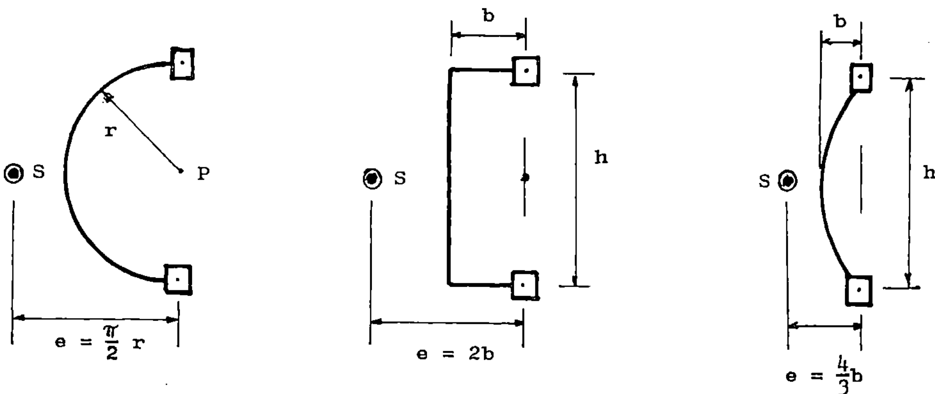

Bild 24   Schubmittelpunkte offener Profile

Bei Trägern mit mehreren Blechfeldern müssen zunächst die Schubflüsse in den einzelnen Feldern nach Gl.(2.6) berechnet werden. Das Moment dieser Schubkräfte muß dann entgegengesetzt gleich dem Moment der äußeren Kraft sein.

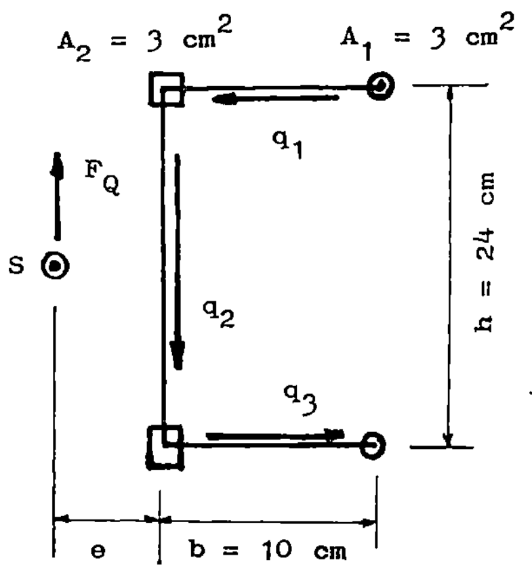

Bild 25   Schubmittelpunkt eines
          Profils aus
          Schubwandträgern

Für das in Bild 25 gezeichnete Profil soll die Lage des Schubmittelpunktes berechnet werden. Es ist

$$q_i = \frac{F_Q \, S_i}{I}$$

Nach Schubfeldschema ist

$$I = 4 \cdot 3 \text{ cm}^2 \cdot (12 \text{ cm})^2$$
$$= 1728 \text{ cm}^4$$

$$S_1 = 3 \text{ cm}^2 \cdot 12 \text{ cm} = 36 \text{ cm}^3$$

$$S_2 = 2 \cdot 3 \text{ cm}^2 \cdot 12 \text{ cm} =$$
$$= 72 \text{ cm}^3$$

$$S_3 = S_1$$

$$q_1 = \frac{F_Q \cdot 36 \text{ cm}^3}{1728 \text{ cm}^4} = 0{,}02083 \text{ cm}^{-1} \cdot F_Q$$

$$q_2 = 0{,}04167 \text{ cm}^{-1} \cdot F_Q \qquad\qquad q_3 = q_1$$

Wählt man die linke untere Ecke des Querschnittes als Momentbezugspunkt, so haben die Kräfte aus q_2 und q_3 keinen Hebelarm, und das Momentgleichgewicht liefert

$$F_Q\, e = q_1\, b\, h = 0{,}02083 \text{ cm}^{-1} \cdot F_Q \cdot 10 \text{ cm} \cdot 24 \text{ cm}$$

$$e = 5{,}0 \text{ cm}$$

Allgemein :

$$I = 2 \left(A_1 + A_2\right) \left(\frac{h}{2}\right)^2 \qquad\qquad S_1 = A_1 \frac{h}{2}$$

$$q_1 = \frac{F_Q\, S_1}{I} = F_Q \frac{A_1}{h\,(A_1 + A_2)}$$

$$F_Q\, e = q_1\, b\, h = F_Q\, b\, \frac{A_1}{A_1 + A_2}$$

$$e = b\, \frac{A_1}{A_1 + A_2} \tag{2.22}$$

<u>Veränderlicher Schubfluß</u> tritt auf, wenn die Längskräfte nicht von Randversteifungen, sondern von den schubübertragenden Blechteilen selbst übertragen werden. Dann ist (Bild 26) der Schubfluß eine Funktion der Umfangskoordinate u

$$q(u) = \frac{F_Q\, S(u)}{I}$$

Die Kraft auf dem Umfangsteil Δu beträgt $q(u)\, \Delta u$ und deren Moment bezüglich eines beliebigen Punktes mit dem Hebelarm $r_t(u)$

$$\Delta M = r_t(u)\, q(u)\, \Delta u \tag{2.23}$$

Setzt man nun die Summe der Momente für den ganzen Umfang dem Moment der Querkraft gleich, so erhält man mit $\Delta u \rightarrow 0$

$$F_Q\, e = \int r_t(u)\, q(u)\, du = \int r_t(u)\, \frac{F_Q\, S(u)}{I}\, du$$

Man kann F_Q vor das Integral ziehen und kürzen und erhält dann für eine Koordinate des Schubmittelpunktes

$$e = \frac{1}{I} \int r_t(u)\, S(u)\, du \tag{2.24}$$

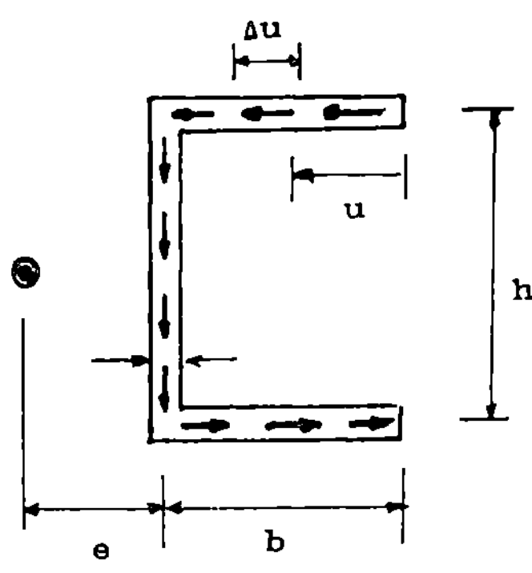

Bild 26   Schubmittelpunkt
eines C -Profils

Für das C -Profil mit konstanter Wanddicke $t \ll b,\ h$ (Bild 26) ist

$$I = \frac{t\,h^3}{12} + 2\,b\,t\,\left(\frac{h}{2}\right)^2$$

und für den Obergurt gilt

$$S(u) = t\,u\,\frac{h}{2}$$

Legt man den Bezugspunkt für das Moment in die linke untere Ecke des Profils, so gilt mit

$$r_t = h$$

nach Gl.(2.24)

$$e = \frac{1}{I} \cdot \frac{h^2\,t}{2} \int_0^b u\, du = \frac{\dfrac{h^2\,b^2\,t}{2}}{\dfrac{t\,h^3}{12} + 2\,b\,t\,\left(\frac{h}{2}\right)^2} = \frac{b}{\dfrac{h}{3b} + 2}$$

2.3   Geschlossene dünnwandige Träger

2.3.1   Torsion eines einfach geschlossenen Trägers

Flugzeugtragflächen werden im allgemeinen durch ein Torsionsmoment belastet, weil die resultierende Luftkraft eines Querschnittes nicht im Schubmittelpunkt des Profils, sondern ungefähr bei einem Viertel der Flügeltiefe angreift.

Flugzeugrümpfe können z.B. durch eine Seitenleitwerkskraft verdrillt werden, und Omnibusse erfahren eine Torsionsbelastung, wenn ihre vier Räder nicht in einer Ebene stehen.

Die Querschnitte bleiben bei der Torsion im allgemeinen nicht eben, sondern werden verwölbt. Wird diese Verwölbung nicht behindert (z.B. durch Einspanneffekte) , so entsteht ein reiner Schubspannungszustand.

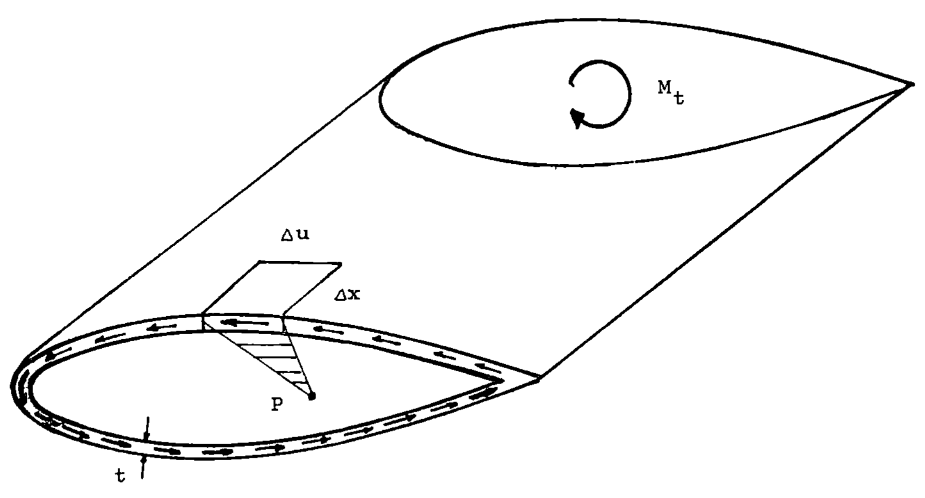

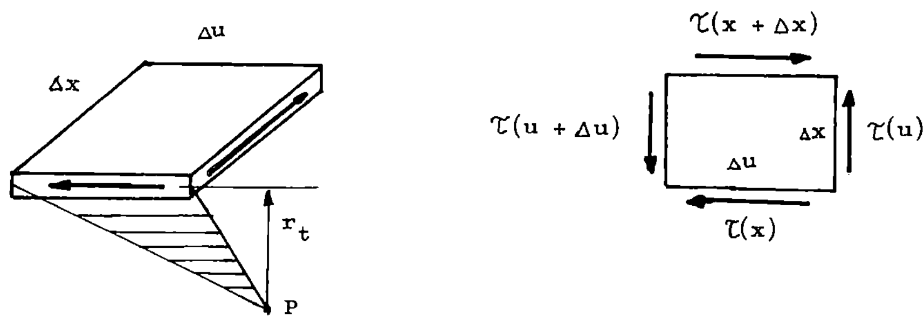

Bild 27   Schubfluß bei Torsion

Der umlaufende Schubfluß wird auf der Mittellinie der Wand angenommen.
Aus Gleichgewichtsbedingungen an einem Blechfeldelement mit der Wanddicke t, der Umfangskoordinate u und der Längskoordinate x   ergibt sich

$$\tau(u) \cdot t(u) \cdot \Delta x = \tau(u + \Delta u) \cdot t(u + \Delta u) \cdot \Delta x$$

$$\tau(u) \cdot t(u) = \tau(u + \Delta u) \cdot t(u + \Delta u)$$

$$\tau \cdot t = q = \text{konstant}$$

Bei <u>reiner Torsion</u> ist der
<u>Schubfluß</u> in einem dünnwandigen
geschlossenen Träger
<u>im Umfang konstant</u>

Aus dem Gleichgewicht der Momente an dem Hautelement ergibt sich mit der mittleren Wanddicke t_m

$$\tau(u) \cdot t(u) \cdot \Delta x \cdot \Delta u = \tau(x) \cdot t_m \cdot \Delta u \cdot \Delta x$$

Nach Kürzen der Kantenlängen Δx und Δu wird im Grenzwert $\Delta u \rightarrow 0$ und $\Delta x \rightarrow 0$ auch $t_m = t(u)$, und man erhält

$$\tau(u) = \tau(x)$$

Schubspannung im Längsschnitt ist gleich Schubspannung im Querschnitt.

Der Betrag der Schubspannung ergibt sich aus dem Gleichgewicht des ein - geleiteten Drehmomentes mit der Summe der Momente der Schubkräfte im Schnitt des dünnwandigen Hohlkörpers (Bild 27).
Als Bezugsachse wird eine x-Achse durch den beliebigen Punkt P des Schnittes gewählt. Mit dem Hebelarm r_t der Schubkraft $\Delta F = \tau t \Delta u$ im Umfangsteilchen erhält man

$$\sum \tau t \, \Delta u \, r_t = \tau t \sum (\Delta u \, r_t) = M_t$$

Da der Schubfluß konstant ist, kann er vor das Summenzeichen gezogen werden. Der Ausdruck unter dem Summenzeichen ist das Doppelte der schraffierten Dreiecksfläche (s.S.29). Somit ist die Summe aller dieser Dreiecksflächen die von der Mittellinie der Hohlkörperwand umschlossene Fläche A_u . Man erhält die

$$\boxed{\text{1. Bredt'sche Formel} \qquad q = \tau t = \frac{M_t}{2 A_u}} \qquad (2.25)$$

Die Fläche kann auch in Form eines Linienintegrals geschrieben werden.

$$2 A_u = \oint r_t \, du$$

Die größte Schubspannung findet man an der Stelle mit der kleinsten Wanddicke.

$$\tau_{max} = \frac{M_t}{2 A_u \, t_{min}} \qquad (2.26)$$

<u>Beispiele</u>

Ein dünnwandiger Kastenträger mit Rechteckquerschnitt nach Bild 28 soll
ein Torsionsmoment M_t = 800 kN cm übertragen. Man bestimme die Schubspannungen in den Wänden.

Die Abmessungen sind

$\qquad$ h = 200 mm

$\qquad$ b = 400 mm

$\qquad$ t_1 = 4 mm

$\qquad$ t_2 = 2,5 mm

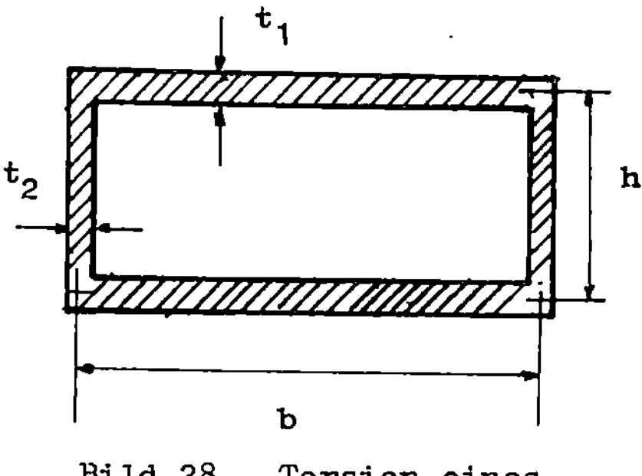

Bild 28   Torsion eines
Rechteckkastens

Der Schubfluß ist konstant und beträgt nach Gl.(2.25)

$$q = \frac{M_t}{2\,A_u} = \frac{M_t}{2\,b\,h} = \frac{800 \text{ kN cm}}{1600 \text{ cm}^2} = 0,5 \frac{\text{kN}}{\text{cm}}$$

Damit lauten die Schubspannungen

$$\tau_1 = \frac{q}{t_1} = \frac{0,5 \text{ kN/cm}}{0,4 \text{ cm}} = 1,25 \frac{\text{kN}}{\text{cm}^2} \qquad \text{in den waagerechten Wänden}$$

$$\tau_2 = \frac{q}{t_2} = \frac{0,5 \text{ kN/cm}}{0,25 \text{ cm}} = 2,0 \frac{\text{kN}}{\text{cm}^2} \qquad \text{in den senkrechten Wänden}$$

Ein dünnwandiges Rohr mit elliptischem Querschnitt, große Halbachse
a = 250 mm, kleine Halbachse b = 100 mm, soll ein Torsionsmoment
M_t = 600 kN cm übertragen. Die zulässige Schubspannung beträgt
τ_{zul} = 2 kN/cm^2 . Wie ist die Wanddicke t zu wählen ?

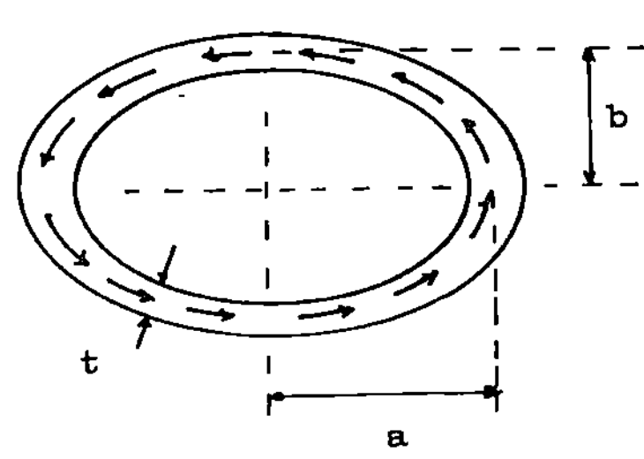

Die umrandete Fläche der Ellipse ist

$$A_u = \pi\,a\,b = 785 \text{ cm}^2$$

Die Bedingung für t lautet

$$\tau = \frac{M_t}{2A_u\,t} \leqq \tau_{zul}$$

$$t \geqq \frac{M_t}{2A_u\,\tau_{zul}} = \frac{600}{2 \cdot 785 \cdot 2} \text{ cm}$$

$$t \geqq 0,191 \text{ cm}$$

$$t = 2 \text{ mm}$$

Bild 29   Torsion einer Röhre
mit elliptischem Querschnitt

Verdrillung und Verwölbung

Die Verdrillung und die Verwölbung kann man aus dem Zusammenhang zwischen Schiebewinkel und Drillwinkel berechnen. Der Schiebewinkel γ des Oberflächenelementes (Bild 30) setzt sich aus zwei Anteilen zusammen :

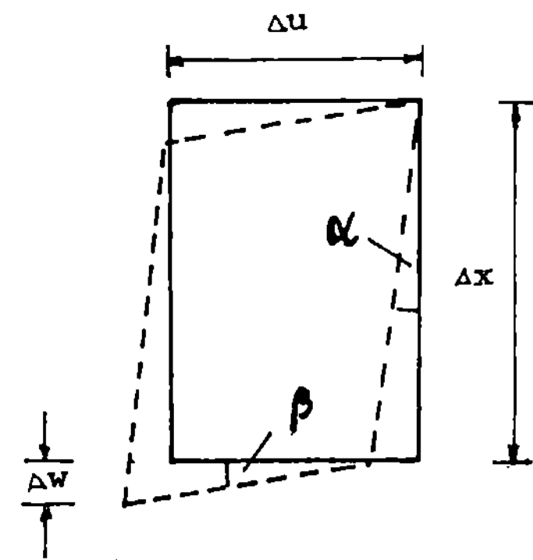

Bild 30 Schiebung eines Rechteckfeldes

α Schiebewinkel ohne Verwölbung

β Winkel infolge Heraustretens einer Ecke aus der Querschnitt-Ebene (Verwölbung)

Beide Winkel sind so klein, daß man den Sinus und den Tangens durch den Winkel im Bogenmaß ausdrücken kann.

$$\gamma = \alpha + \beta \approx \alpha + \tan\beta$$

$$\gamma = \alpha + \frac{\Delta w}{\Delta u} \qquad (2.27)$$

Der Zusammenhang mit dem Drillwinkel $\Delta\varphi$ für das Röhrenstück der Länge Δx kann aus Bild 31 abgelesen werden.

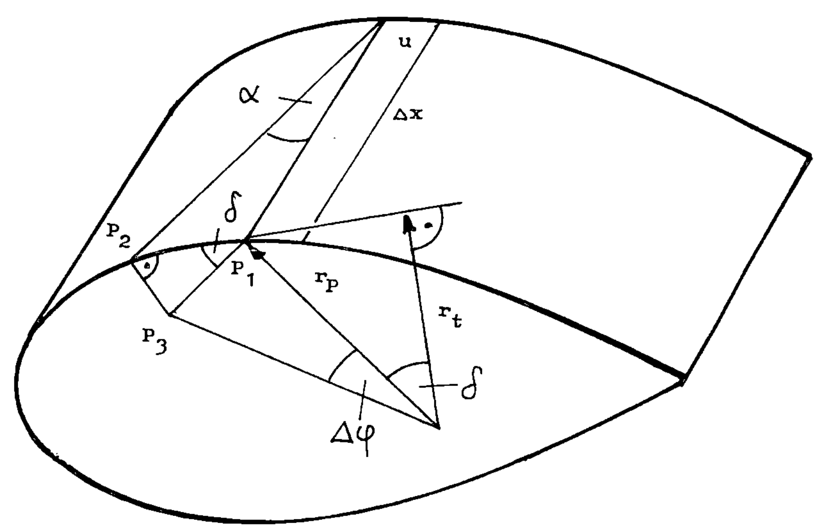

Bild 31   Verdrillung einer geschlossenen Röhre

Jeder Punkt P_1 der Kontur dreht sich um den Winkel $\Delta\varphi$ auf einem Kreisbogen mit dem Radius r_p um den Punkt P, der hier aber nicht bekannt sein muß. Er gelangt dabei nach P_3 .

Man kann sich nun die Strecke P_1P_3 aus zwei Anteilen zusammengesetzt denken, von denen der Anteil P_1P_2 parallel zur Blechebene verläuft und den Winkel α liefert und der zweite Anteil P_2P_3 senkrecht zur ursprünglichen Blechelementebene verläuft und keinen Schubanteil in der Blechebene bewirkt. Dieser zweite Anteil trägt deshalb in erster Näherung auch nicht zu Schubspannungen bei.

Die Tangentialverschiebung P_1P_2 ist einerseits durch den Drillwinkel $\Delta\varphi$ und andererseits durch den Schiebewinkelanteil α auszudrücken.

$$P_1P_2 \;=\; P_1P_3 \cos\delta \;=\; r_p\cdot\Delta\varphi\cdot\cos\delta \;=\; \Delta x\cdot\alpha$$

Hieraus ergibt sich

$$\alpha \;=\; r_p \cos\delta\;\frac{\Delta\varphi}{\Delta x} \;=\; r_t\,\frac{\Delta\varphi}{\Delta x} \tag{2.28}$$

Aus Bild 31 kann man ablesen, daß $r_p \cos\delta = r_t$ ist, weil r_p senkrecht auf P_1P_3 steht, während r_t mit der Verlängerung von P_1P_2 einen rechten Winkel bildet.

Der Winkel γ in Gl. (2.27) wird nach dem Hooke'schen Gesetz durch die Schubspannung oder den Schubfluß ausgedrückt, der über das Drillmoment bekannt ist. (2.25).   G ist der Schubmodul.

$$\gamma \;=\; \frac{\tau}{G} \;=\; \frac{q}{G\,t} \;=\; \frac{M_t}{2A_u\,Gt} \tag{2.29}$$

Nun muß in Gl. (2.27) noch die Verwölbung $\Delta w/\Delta u$ eliminiert werden. Dies geschieht durch Summation (Integration) aller Wölbanteile über den gesamten Umfang, denn die Summe aller Abweichungen vom Mittelwert (unverwölbter Querschnitt) ist Null.

$$0 \;=\; \oint \frac{\Delta w}{\Delta u}\,du \;=\; \oint (\gamma - \alpha)\,du \tag{2.30}$$

Setzt man in diese Gleichung α und γ aus den Gln. (2.28) und (2.29) ein, so erhält man

$$0 \;=\; \oint \frac{q}{G\,t}\,du \;-\; \oint r_t\,\frac{\Delta\varphi}{\Delta x}\,du$$

$$\frac{\Delta\varphi}{\Delta x}\cdot\oint r_t\,du \;=\; \frac{1}{G}\oint \frac{q}{t}\,du$$

Das Integral auf der linken Seite ist gleich $2\,A_u$. Nach Division durch diesen Faktor erhält man den spezifischen Drillwinkel

$$\frac{\Delta\varphi}{\Delta x} = \frac{1}{2\,A_u\,G} \oint \frac{q}{t}\,du \tag{2.31}$$

Bei reiner Torsion ist $q = M_t/2A_u$ und damit

$$\boxed{\quad \text{2. Bredt'sche Formel} \qquad \frac{\Delta\varphi}{\Delta x} = \frac{M_t}{(2A_u)^2 G} \oint \frac{du}{t} \quad} \tag{2.32}$$

Mit der Bezeichnung für das Torsionsträgheitsmoment

$$I_t = \frac{(2\,A_u)^2}{\oint \dfrac{du}{t}} \tag{2.33}$$

das bei Kreisquerschnitten gleich dem polaren Flächenmoment I_p ist, kann man die Gl. (2.32) auch in der bekannten Form

$$\frac{\Delta\varphi}{\Delta x} = \frac{M_t}{G\,I_t}$$

schreiben.

Für den Kastenträger aus dem Beispiel auf S.36 ist

$$I_t = \frac{(2 \cdot 20\ \text{cm} \cdot 40\ \text{cm})^2}{2 \cdot \left(\dfrac{400\ \text{mm}}{4\ \text{mm}} + \dfrac{200\ \text{mm}}{2,5\ \text{mm}}\right)} = 7111\ \text{cm}^4$$

und mit $G = 2{,}7 \cdot 10^3$ kN/cm^2 für Aluminium erhält man den spezifischen Drillwinkel

$$\frac{\Delta\varphi}{\Delta x} = \frac{800\ \text{kN cm}}{2{,}7 \cdot 10^3\ \dfrac{\text{kN}}{\text{cm}^2} \cdot 7111\ \text{cm}^4} = 4{,}17 \cdot 10^{-5}\ \frac{\text{rad}}{\text{cm}}$$

Für die Länge 100 cm erhält man daraus dann den Drillwinkel

$$\varphi = 0{,}00417\ \text{rad} = 0{,}24^\circ$$

Nachdem der Drillwinkel des geschlossenen Trägers bekannt ist, kann man auch die gegenseitige Verwölbung zweier Umfangspunkte gegeneinander berechnen, wenn man in Gl.(2.30) nicht um den ganzen Umfang integriert, sondern das Integral nur über den Umfangsteil zwischen den betrachteten Stellen erstreckt.

Wir berechnen als Beispiel die Verwölbung des auf S.36 gezeichneten Kastenträgers mit Rechteckquerschnitt.

Wenn wir das Herausragen der Kastenecke gegen die Kastenmitte berechnen wollen, so legen wir dorthin den Nullpunkt unserer Umfangszählung und integrieren von 0 bis b/2 . Legt man überdies den Bezugspunkt in die Mitte der Kastenquerwand, dann ist r_t = h/2 .

Wir setzen nun wieder α und γ aus Gl. (2.28) und (2.29) in Gl. (2.30) ein, die aber nur über den oben beschriebenen Weg integriert wird.

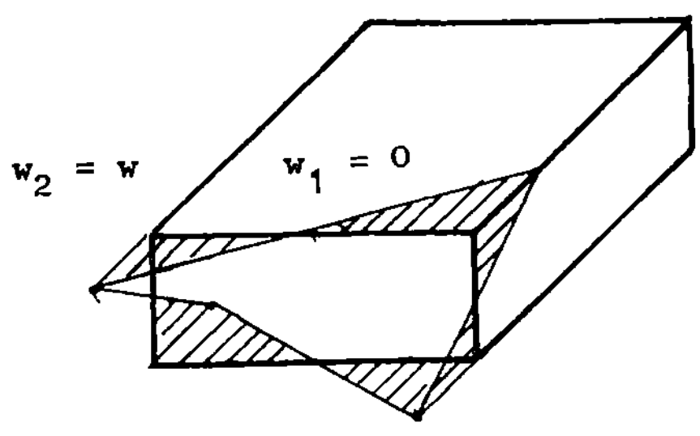

Bild 32   Verwölbung eines
           Rechteckkastenträgers

$$w_2 - w_1 = w = \frac{q}{G} \int_0^{b/2} \frac{du}{t_1} - \frac{\Delta\varphi}{\Delta x} \int_0^{b/2} r_t \, du \qquad (2.34)$$

Für den Kastenträger ist das erste Integral gleich $(b/2)/t_1$ und das zweite gleich $h \cdot (b/2)$. Der spezifische Drillwinkel wird nach Gl.(2.32) berechnet

$$\frac{\Delta\varphi}{\Delta x} = \frac{M_t}{(2bh)^2 \, G} \left(\frac{b}{t_1} + \frac{h}{t_2} \right) \cdot 2$$

Setzt man diese Werte in Gl.(2.34) ein, so erhält man nach Kürzen und Zusammenfassen

$$w = \frac{M_t}{8 \, bh \, G} \left(\frac{b}{t_1} - \frac{h}{t_2} \right) \qquad (2.35)$$

Falls b/t_1 = h/t_2 ist, tritt keine Verwölbung auf.

Mit den Zahlenwerten von S. 36 findet man eine Verschiebung der Ecke gegen die Kastenmitte von w = 0,001 cm.

Einen so verwölbten Kastenträger kann man natürlich nicht ohne Zwang an einer ebenen Wand befestigen. Macht man die Kastenwand z.B. durch Anschrauben an eine starre Wand "mit Gewalt" eben, so treten in dem Kasten Längsspannungen auf, auch wenn nur ein Torsionsmoment eingeleitet wird. Dieses Problem der Wölbkrafttorsion wird hier nicht behandelt.

2.3.2 Torsion eines Trägers mit mehrfach zusammenhängendem Querschnitt

Tragflügel sind wegen der Tragsicherheit, der Steifigkeit und aus anderen funktionellen Gründen häufig aus mehreren Torsionsröhren aufgebaut.

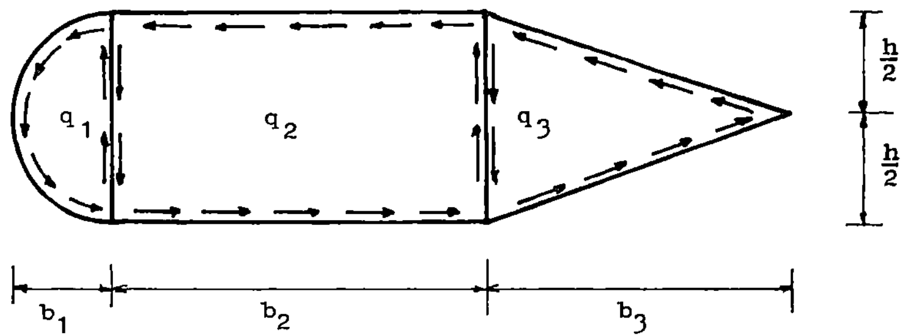

Bild 33   Dreifach zusammenhängender Querschnitt

Bei Torsionsbelastung nimmt jede Röhre einen Teil des Drehmomentes auf. Die Summe der Momente der Schubkräfte der Teilröhren ist bei Gleichgewicht gleich dem von außen eingeleiteten Torsionsmoment.

$$M_t = \sum_{i=1}^{n} M_{ti} = \sum_{i=1}^{n} 2 A_{ui} q_i \qquad (2.36)$$

Die q_i sind die in jeder Teilröhre konstanten Schubflüsse, die A_i die von diesen umrandeten Flächen. In den Stegen wirken jeweils die Differenzen zweier benachbarter Schubflüsse. Dabei ist zu beachten, daß im ersten Steg für die Röhre 1 der Schubfluß $q_1 - q_2$ lautet, während man bei der Betrachtung der Röhre 2 den Schubfluß im Steg 1 als $q_2 - q_1$ ansetzen muß.

Die Gleichgewichtsbedingung Gl.(2.36) reicht zur Berechnung der n Schubflüsse nicht aus. Die Aufgabe ist statisch unbestimmt. Man muß zur Gleichgewichtsbedingung n-1 Verträglichkeitsbedingungen für die Verformungen hinzunehmen : Die spezifischen Verdrehwinkel aller Röhren sind gleich groß.

$$\left(\frac{\Delta \varphi}{\Delta x} \right)_1 = \left(\frac{\Delta \varphi}{\Delta x} \right)_2 = \ldots = \left(\frac{\Delta \varphi}{\Delta x} \right)_n = \vartheta \qquad (2.37)$$

Mit den Gl. (2.36) und (2.37) hat man n Gleichungen zur Berechnung der n unbekannten Schubflüsse in den n Röhren und der Schubflußdifferenzen in den Stegen vorliegen.

<u>Beispiel</u>

Man berechne für einen dreifach zusammenhängenden Träger nach Bild 33 die Schubflußverteilung, die Schubspannungen und den Drillwinkel.

Torsionsmoment $\qquad$ M_t = 10 kN m = 1000 kN cm

Schubmodul $\qquad$ G = 2700 kN/cm^2

Abmessungen $\qquad$ h = 0,4 m

$\qquad\qquad$ b_1 = 0,2 m $\qquad$ b_2 = 1 m $\qquad$ b_3 = 0,8 m

$\qquad\qquad$ t_1 = 1,5 mm $\qquad$ t_2 = 1,2 mm $\qquad$ t_3 = 1,0 mm

$\qquad\qquad$ t_{St} = 2,0 mm $\qquad$ für beide Stege

Es wird angenommen, daß die Blechfelder so ausgesteift sind, daß sie nicht beulen können (s.Abschn. 3.3).

Mit den gegebenen Werten rechnet man

Umfang der Torsionsnase (ohne Steg) $\qquad$ $u_1 = \pi\, b_1 = 62{,}83$ cm

Umfang des Dreiecksteils (ohne Steg) $\qquad$ $u_3 = 2\sqrt{b_3^2 + \left(\tfrac{h}{2}\right)^2} = 164{,}92$ cm

Umschlossene Fläche der Torsionsnase $\qquad$ $A_{u1} = \pi\, b_1^2/2 = 628{,}3$ cm^2

Umschlossene Fläche des Mittelkastens $\qquad$ $A_{u2} = b_2 h = 4000$ cm^2

Umschlossene Fläche des Dreiecksteils $\qquad$ $A_{u3} = b_3 h/2 = 1600$ cm^2

Im folgenden werden alle Größen in den Einheiten kN und cm eingesetzt und nicht mitgeschrieben.

Gleichgewicht nach Gl.(2.36)

$$1000 = 2 \cdot 628{,}3\, q_1 + 2 \cdot 4000\, q_2 + 2 \cdot 1600\, q_3$$

$$1 = 1{,}257\, q_1 + 8\, q_2 + 3{,}2\, q_3 \qquad\qquad (2.38)$$

Verträglichkeit nach Gl.(2.37) und (2.31) nach Multiplikation mit 2G

$$\frac{1}{A_{u1}} \oint_1 \frac{q}{t}\, du = \frac{1}{A_{u2}} \oint_2 \frac{q}{t}\, du$$

$$\frac{1}{628{,}3}\left(q_1 \cdot \frac{62{,}83}{0{,}15} + (q_1 - q_2) \cdot \frac{40}{0{,}2} \right)$$

$$= \frac{1}{4000}\left(q_2 \cdot 2 \cdot \frac{100}{0{,}12} + (q_2 - q_1) \cdot \frac{40}{0{,}2} + (q_2 - q_3) \cdot \frac{40}{0{,}2} \right)$$

Nach Ausrechnen und Sortieren erhält man die zweite Bestimmungsgleichung für die unbekannten Schubflüsse

$$1,035\ q_1 - 0,835\ q_2 + 0,050\ q_3 = 0 \qquad (2.39)$$

Die dritte Bestimmungsgleichung ergibt sich aus der Verträglichkeit der
Verformungen von Röhren 2 und 3 .

$$\frac{1}{A_{u2}} \oint_2 \frac{q}{t}\,du = \frac{1}{A_{u3}} \oint_3 \frac{q}{t}\,du$$

$$\frac{1}{4000}\left(q_2 \cdot 2 \cdot \frac{100}{0,12} + (q_2 - q_1) \cdot \frac{40}{0,2} + (q_2 - q_3) \cdot \frac{40}{0,2} \right)$$

$$= \frac{1}{1600}\left(q_3 \cdot \frac{164,92}{0,1} + (q_3 - q_2) \cdot \frac{40}{0,2} \right)$$

$$- 0,050\ q_1 + 0,642\ q_2 - 1,206\ q_3 = 0 \qquad (2.40)$$

Die Lösung des Gleichungssystems (2.38), (2.39) und (2.40) lautet

$$q_1 = 0,0740\ \text{kN/cm} \qquad\qquad \tau_1 = 0,49\ \text{kN/cm}^2$$
$$q_2 = 0,9045\ \text{kN/cm} \qquad\qquad \tau_2 = 0,79\ \text{kN/cm}^2$$
$$q_3 = 0,0472\ \text{kN/cm} \qquad\qquad \tau_3 = 0,47\ \text{kN/cm}^2$$

$$|q_1 - q_2| = 0,0205\ \text{kN/cm} \qquad\qquad \tau_{1,2} = 0,10\ \text{kN/cm}^2$$
$$|q_2 - q_3| = 0,0473\ \text{kN/cm} \qquad\qquad \tau_{2,3} = 0,24\ \text{kN/cm}^2$$

Durch Multiplikation mit den zugehörigen umrandeten Flächen erhält
man die Anteile der einzelnen Röhren am Torsionsmoment.

$$M_{t1} = 2\,A_{u1}\,q_1 = 0,0740\ \frac{\text{kN}}{\text{cm}} \cdot 1257\ \text{cm}^2 = 93\ \text{kN cm}$$

$$M_{t2} = 2\,A_{u2}\,q_2 = 0,0945\ \frac{\text{kN}}{\text{cm}} \cdot 8000\ \text{cm}^2 = 756\ \text{kN cm}$$

$$M_{t3} = 2\,A_{u3}\,q_3 = 0,0472\ \frac{\text{kN}}{\text{cm}} \cdot 3200\ \text{cm}^2 = 151\ \text{kN cm}$$

Man sieht, daß die mittlere große Röhre (der Mittelkasten bei Flugzeugtragflächen) über 75 % des gesamten Torsionsmomentes überträgt, während
die Nase weniger als 10 % übernimmt. Für die Vordimensionierung rechnet
man gelegentlich nur den Flügelmittelkasten als Träger, um damit den
Rechenaufwand zu ermäßigen.

Den Drillwinkel kann man für irgendeine der drei Röhren berechnen, weil er für alle Röhren gleich groß ist. Nach Gl.(2.31) erhält man z.B. für Röhre 1

$$\vartheta = \frac{1}{1257 \text{ cm}^2 \cdot 2700 \frac{\text{kN}}{\text{cm}^2}} \left(0,0470 \frac{\text{kN}}{\text{cm}} \cdot \frac{62,83}{0,15} - 0,0205 \frac{\text{kN}}{\text{cm}} \cdot \frac{40}{0,2} \right)$$

$$= 4,6 \cdot 10^{-6} \text{ rad/cm} = 0,00046 \text{ rad/m} = 0,026 \text{ }^{\circ}/\text{m}$$

2.3.3 Biegung symmetrischer Träger

Flugzeurümpfe sind meistens symmetrische Träger, deren elastische Hauptachsen in den Symmetrie-Ebenen liegen. Im Querschnitt des Rumpfes wird die Querkraft durch Schubkräfte in der Beplankung übertragen, während das Biegemoment durch Längskräfte in den Stringern (Längsversteifungen) einschließlich der mittragenden Beplankungsanteile übertragen wird.

Bei Belastung in der Symmetrie-Ebene ist in dieser Ebene der Schubfluß gleich Null, weil sich die Schnittufer nicht gegeneinander verschieben können.
Man kann sich also den Rumpf oben aufgeschnitten denken und den Biegeschubfluß wie beim offenen Profil für jedes Blechfeld nach Gl.(2.1) berechnen.

$$q_i = \frac{F_Q S_i}{I} \qquad (2.41)$$

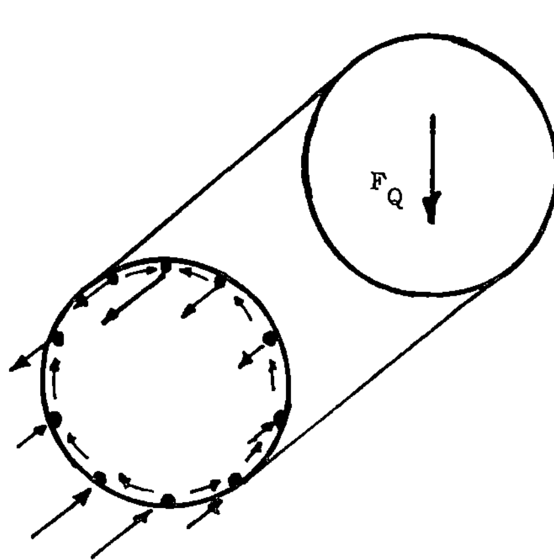

Bild 34   Schnittkräfte
im Rumpfquerschnitt

Das Flächenmoment I kann nach dem Schubfeldschema näherungsweise nach der Formel

$$I = \sum A_i z_i^2 \qquad (2.42)$$

berechnet werden. Die Summe erstreckt sich über alle Stringer des Querschnittes, wobei die mittragenden Blechteile der Beplankung zur Stringerfläche hinzugeschlagen werden.

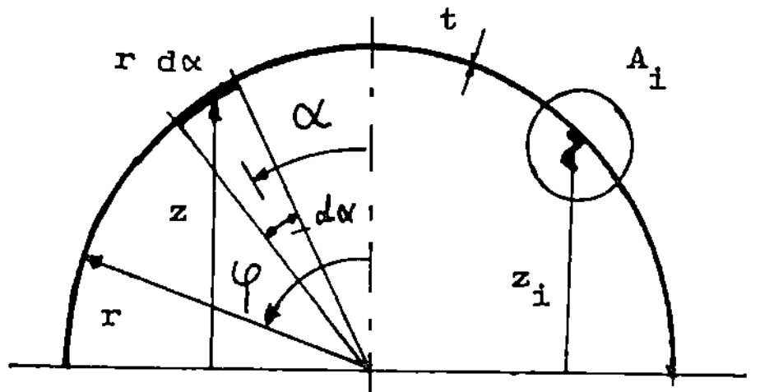

Bild 35   Statische Momente
im Kreisquerschnitt

$$\underline{A}_i = (A_{St} + b_m t)_i \qquad (2.43)$$

mit

A_{St} Querschnittsfläche
eines Stringers

b_m mittragende Breite eines
Beplankungsfeldes

t Blechdicke

Bei Kreisrümpfen mit dicht liegenden Stringern kann man die Rechnung dadurch vereinfachen, daß man die Stringer als gleichmäßig über das Blechfeld der Beplankung "verschmiert" annimmt und mit einem homogenen Kreiszylinderrohr der Dicke

$$\underline{t} = t + A_{St}/b \qquad (2.44)$$

rechnet. In dieser Gleichung ist b die Blechfeldbreite und damit der Stringerabstand.

Das Flächenmoment beträgt dann mit dem Innenradius r_i und dem Außenradius r_a sowie dem mittleren Radius $r = (r_i + r_a)/2 \approx r_i \approx r_a$ (wegen der Dünnwandigkeit)

$$I = \frac{\pi}{4} (r_a^4 - r_i^4) = \frac{\pi}{4} (r_a^2 + r_i^2) (r_a + r_i) (r_a - r_i)$$

$$I \approx \frac{\pi}{4} \cdot 2 r^2 \cdot 2r \cdot \underline{t} = \pi r^3 \underline{t} \qquad (2.45)$$

Das in Gl.(2.41) benötigte statische Moment für die Schnittstelle mit der Winkelkoordinate φ (s.Bild 35) erhält man durch Integration über die statischen Momente der zwischen $\alpha = 0$ und $\alpha = \varphi$ gelegenen Flächenelemente $dA = \underline{t} \, r \, d\alpha$

$$S(\varphi) = \int z \, dA = \int_0^\varphi r \cos\alpha \, \underline{t} \, r \, d\alpha$$

$$= \underline{t} \, r^2 \int_0^\varphi \cos\alpha \, d\alpha = \underline{t} \, r^2 \sin\varphi \qquad (2.46)$$

Mit Gl.(2.45) und (2.46) ergibt Gl.(2.41) die Schubflußverteilung

$$q(\varphi) = \frac{F_Q}{\pi\,r}\sin\varphi \qquad\qquad (2.47)$$

Der Größtwert liegt bei $\varphi = 90^\circ$ in der biegeneutralen Ebene und beträgt

$$q_{max} = \frac{F_Q}{\pi\,r} \qquad\qquad (2.48)$$

Falls F_Q nicht die gesamte Querkraft, sondern nur die in einen einzelnen Spant eingeleitete Querkraft bedeutet, so ist mit den beiden vorstehenden Gleichungen nur die Differenz der Schubflüsse in den Beplankungsfeldern vor und hinter dem Krafteinleitungsspant gemeint.

Bei exzentrischer Querkraft kommt noch ein konstanter umlaufender Schubfluß aus Torsion hinzu, der nach der 1. Bredt'schen Formel Gl.(2.25) berechnet werden kann und dem Biegeschubfluß überlagert wird.
Eine Seitenleitwerkskraft kann man z.B. auf die Rumpfmitte verschieben und das Verschiebungsmoment überlagern (s.Bild 36).

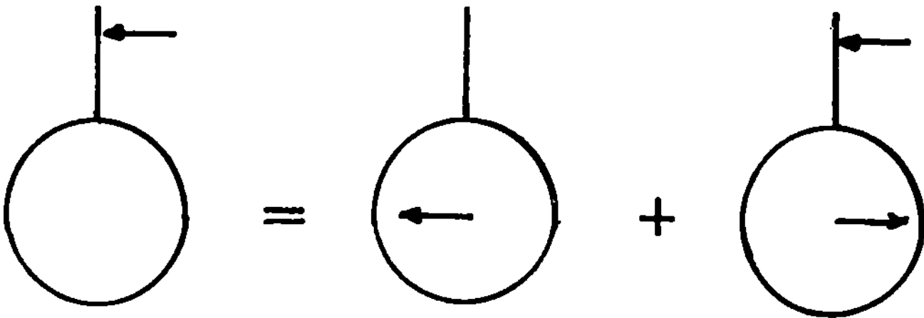

Bild 36   Exzentrische Querkraft

<u>Beispiel</u>

Für einen Rumpfquerschnitt nach Bild 34 und 35 soll die Biegeschubflußverteilung berechnet werden. Gegeben sind folgende Werte :

Belastung	F_Q = 20 kN	Wanddicke	t =	0,8 mm
Radius	r = 1 m	Stringerfläche	A_{St}=	1,5 cm^2

Die Stringer sind von 10° zu 10° gleichmäßig auf dem Umfang verteilt.

Mit den gegebenen Werten berechnet man nach Gl.(2.43) und (2.44)

$$\text{Feldbreite}\qquad b = r\ \text{arc}\ 10^\circ = 17{,}45\ \text{cm}$$

$$\underline{t} = 0{,}08\ \text{cm} + \frac{1{,}5\ \text{cm}^2}{17{,}45\ \text{cm}} = 0{,}166\ \text{cm} = 1{,}66\ \text{mm}$$

$$\underline{A} = 1,5 \text{ cm}^2 + 17,45 \text{ cm} \cdot 0,08 \text{ cm} = 2,90 \text{ cm}^2$$

Mit diesen Werten erhält man nach Gl.(2.45)

$$I = r^3 \underline{t} = 52,14 \cdot 10^4 \text{ cm}^4$$

Dabei wurden die Blechfeldteile voll zum Stringer geschlagen und die Eigenträgheitsmomente vernachlässigt.

Die statischen Momente können nach Gl.(2.46) oder (2.2) berechnet werden. Im letzteren Fall muß für das erste Feld die <u>halbe</u> Stringerfläche (mit zugehörigem Blechfeldanteil) gerechnet werden, wenn bei $\varphi = 0$ kein Blechfeld , sondern ein Stringer liegt.

In der folgenden Tabell sind für die Mitten der neun Felder eines Quadranten die statischen Momente, Schubflüsse und Schubspannungen zusammengestellt.

Nr. i	φ	$\dfrac{S_i}{\text{cm}^3}$	$\dfrac{q_i}{\text{kN/cm}}$	$\dfrac{\tau}{\text{kN/cm}^2}$
1	5	145	0,0055	0,07
2	15	430	0,0165	0,21
3	25	702	0,0269	0,34
4	35	952	0,0365	0,46
5	45	1174	0,0450	0,56
6	55	1360	0,0521	0,62
7	65	1504	0,0577	0,72
8	75	1603	0,0615	0,77
9	85	1654	0,0634	0,79

Die sinusförmige Schubverteilung nach Gl.(2.47) gilt nur unter den früher gemachten Voraussetzungen. Wenn die Querschnittsgestalt nicht erhalten bleibt, wenn der Rumpf also relativ weich ist, entziehen sich die Blechfelder oben und unten der Kraftaufnahme. Die Querkraft wird dann hauptsächlich durch die der Kraft parallelen Blechfelder in der Rumpfmitte übertragen, die dadurch stärker beansprucht werden. Die Berechnung der Schubflüsse nach Gl.(2.47) liefert dann für den Mittelteil zu kleine Werte.

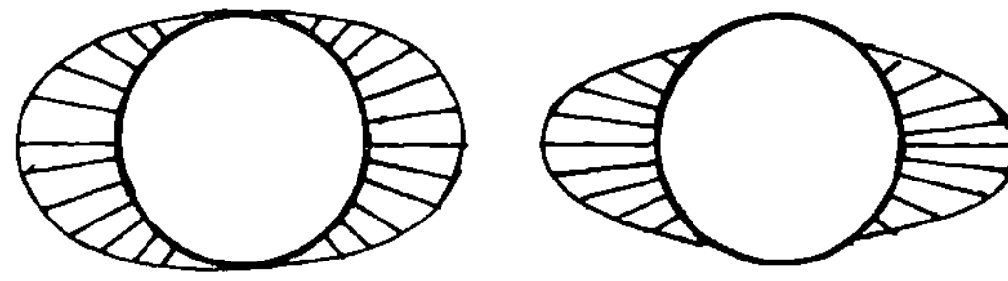

Bild 37   Schubflußverteilung im Kreisrumpfquerschnitt

Bei einer Tragfläche kann häufig der Mittelkasten als tragender Teil
angesehen werden (s.Bild 38). Da die resultierende Luftkraft im allgemeinen nicht im Schubmittelpunkt (s.Abschn. 2.2.2 und 2.3.5) angreift,
tritt Biegung und Torsion auf. Bei symmetrischen Kastenträgern kann man
Biegung und Torsion leicht trennen, indem man die Querkraft in den Mittelpunkt des Kastens verlegt und das Versatzmoment als Torsionsmoment
hinzufügt. Auch bei nicht ganz symmetrischen Kastenträgern liefert das
Verfahren brauchbare Näherungswerte. Falls die Näherung nicht ausreicht,
kann man das in Abschn. 2.3.4 beschriebene Verfahren benutzen.

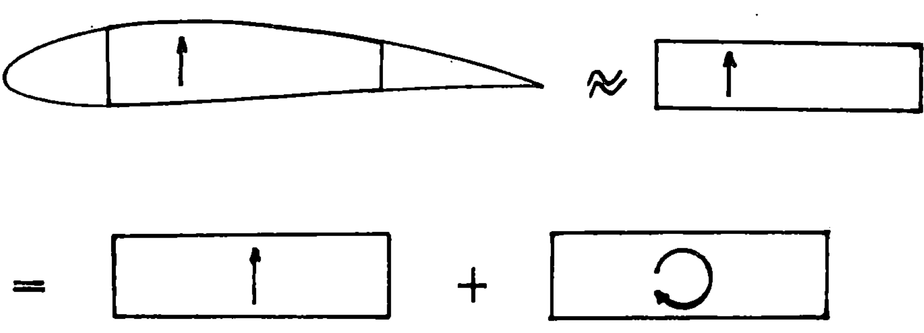

Bild 38   Tragender Mittelkasten

Der Torsionsschub ergibt sich aus der ersten Bredt'schen Formel (2.25).
Für die überschlägliche Berechnung der aus der Biegung folgenden Nor-
mal- und Schubspannungen kann man den aus Blechfeldern mit Versteifungen aufgebauten Kastenträger vereinfachen, indem man den ihn wahlweise
als homogenen Kasten mit vergrößerter Blechdicke nach Gl.(2.44) oder
als Konfiguration aus einzelnen Profilen mit mittragenden Blechfeldtei-
len nach Gl.(2.43) ansieht. In Bild 39 sind die beiden Ersatzsysteme
gezeichnet.
Das Flächenträgheitsmoment zur Berechnung der Biegespannung und der
Schubflüsse ist bei Berücksichtigung der Symmetrie zur waagerechten
Biegeachse

$$I = 2 \; \frac{t_h h^3}{12} + \frac{B \, t_b^3}{12} + t_b B \, (\tfrac{h}{2})^2 + \sum I_{St} + \sum \left[A_{St} \, (\tfrac{h}{2})^2 \right] \quad (2.49)$$

Die Eigenträgheitsmomente der Versteifungsprofile und der Beplankung
können häufig fortgelassen werden, weil sie klein gegen die übrigen Anteile sind.

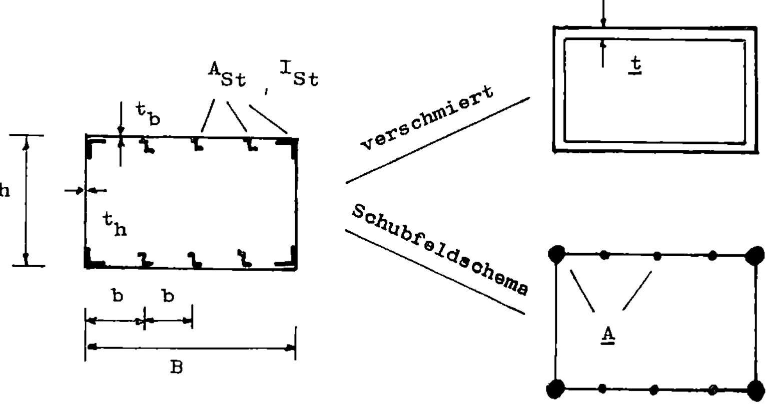

Bild 39   Idealisierungen des versteiften Kastenträgers

Das wird deutlich bei der Einführung von Zahlenwerten. Bei einem Träger mit oben und unten je 10 Feldern, die von gleich groß angenommenen Profilen versteift sind, und den Abmessungen

$$h = 40 \text{ cm} \qquad B = 100 \text{ cm} \qquad t_h = 3 \text{ mm} \qquad t_b = 2 \text{ mm}$$

$$A_{St} = 1 \text{ cm}^2 \qquad I_{St} = 2 \text{ cm}^4$$

findet man nach Gl.(2.49)

$$I = 2 \left(\frac{0,3 \cdot 40^3}{12} + \frac{100 \cdot 0,2^3}{12} + 0,2 \cdot 100 \cdot 20^2 \right.$$

$$\left. + 11 \cdot 2 + 11 \cdot 1 \cdot 20^2 \right) \text{ cm}^4$$

$$= 2 \left(1600 + 0,07 + 8000 + 22 + 4400 \right) \text{ cm}^4 = 2,80 \cdot 10^4 \text{ cm}^4$$

Man erkennt deutlich, daß nur das Trägheitsmoment der Stege und die Anteile aus dem Steiner'schen Satz der versteiften Beplankung maßgebend sind. Berücksichtigt man in Gl. (2.49) nur diese Anteile, so gilt näherungsweise

$$I \approx 2 \cdot \left[\frac{t_h h^3}{12} + \left(t_b B + \sum A_{St} \right) \left(\frac{h}{2} \right)^2 \right] \qquad (2.50)$$

Jetzt kann man wahlweise schreiben

$$t_b B + \sum A_{St} = \begin{cases} \underline{A} \\ \underline{t} B \end{cases}$$

und hat in der oberen Zeile das Blech zum Versteifungsquerschnitt geschlagen und in der unteren die Versteifungen auf das Beplankungsblech "verschmiert". Man kann auch die Stegbleche noch zu den Versteifungen hinzunehmen, wenn man für einen Steg

$$\frac{t_h h^3}{12} = \frac{t_h h}{3} \left(\frac{h}{2}\right)^2 = 2\, t_h \frac{h}{6} \left(\frac{h}{2}\right)^2 \tag{2.51}$$

schreibt. Dann wird das Trägheitsmoment

$$I = 2 \left[\frac{t_h h}{3} + t_b B + \sum A_{St} \right] \left(\frac{h}{2}\right)^2 \tag{2.52}$$

Diese Näherungsformel ist für viele Berechnungen sehr nützlich. Man kann aus dem rechten Teil von Gl.(2.51) entnehmen, daß je ein Sechstel des Steges bei den Randversteifungen oben und unten "mitträgt".

Die Biegespannung nach der elementaren Biegetheorie ist in der Beplankung konstant. Wir setzen hier h/2 für den Abstand der Schwerpunktlinie der versteiften Beplankung von der Mittel-Linie des Kastenträgers und erhalten

$$\sigma = \frac{M_b}{I} \cdot \frac{h}{2} = \frac{M_b}{h\left(t_h h/3 + t_b B + \sum A_{St}\right)} \tag{2.53}$$

Der Biegeschubfluß ist bei vertikaler Belastung in der Symmetrie-Ebene gleich Null und steigt in der Beplankung von der Mitte nach beiden Seiten an.

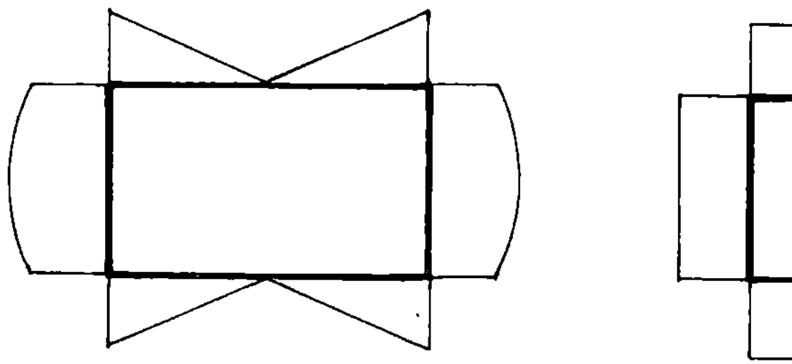

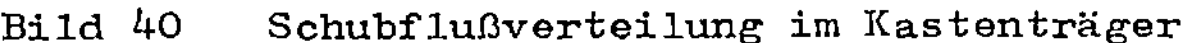

Bild 40   Schubflußverteilung im Kastenträger

      a) mit verschmierten   b) nach Schubfeldschema
         Stringern

Bei der "Verschmier"-Theorie steigt das statische Moment der oberen Beplankung von Null in der Kastenmitte (Symmetrielinie) linear zum Rand an, weil die Querschnittsfläche bei konstanter Blechdicke der Umfangskoordinate proportional ist. Der Größtwert beträgt am Rand

$$S = \pm t \frac{B}{2} \frac{h}{2}$$

Im Steg verläuft der Schubfluß parabolisch (s.Bild 6). Das statische Moment für die Stegmitte setzt sich aus dem vorstehenden statischen Moment der halben Oberbeplankung und dem Steganteil zusammen.

$$S_{max} = \pm t \frac{B}{2} \frac{h}{2} + t_h \frac{h}{2} \frac{h}{4}$$

Der größte Biegeschubfluß in den Stegmitten ist also

$$q_{max} = \frac{F_Q}{I} \cdot \frac{h}{8} \cdot (2 \pm t B + t_h h) \tag{2.51}$$

Bei Benutzung des Schubfeldschemas ist der Schubfluß feldweise konstant. Er wird nach der Gleichung

$$q_k = \frac{F_Q}{I} S_k = \frac{F_Q}{I} \sum_{i<k} (A_{St} + t_b b)_i \tag{2.52}$$

berechnet. Dabei ist das statische Moment im Symmetrieschnitt gleich Null, und für jedes Feld ist das statische Moment des zwischen der Nulllinie und dem Feld Nr. k gelegenen Querschnittes zu nehmen. An jedem Versteifungsprofil hat die Schubflußkurve einen Sprung.(s.Bild 40).

Beispiel

Für einen Kastenträger nach Bild 39 berechne man die maximale Biegespannung, den Normalkraftfluß im Beplankungsblech, die Schubflüsse und die Schubspannungen. Gegeben sind folgende Werte :

Belastung	$F_Q = 20$ kN	$M_b = 2500$ kN cm
Beplankungsblech	$B = 108$ cm	$b = 12$ cm $t_b = 2$ mm
Stege	$h = 28$ cm	$t_h = 3$ mm
Versteifungen	$A_R = 6$ cm^2	für die Randversteifungen
	$A_{St} = 1,5$ cm^2	für die Stringer

Damit berechnet man

Flächenträgheitsmoment nach Gl.(2.50)

$$I = 2 \left(\frac{0,3 \cdot 28}{3} + 0,2 \cdot 108 + 8 \cdot 1,5 + 2 \cdot 6 \right) \cdot 14^2 \text{ cm}^4$$

$$= 19,0 \cdot 10^3 \text{ cm}^4$$

Biegespannung nach Gl.(2.53)

$$\sigma \;=\; \frac{2500\ \text{kN cm}}{19\cdot 10^{3}\ \text{cm}^{4}}\cdot 14\ \text{cm} \;=\; 1,84\ \frac{\text{kN}}{\text{cm}^{2}}$$

Der Schubfluß ist als Produkt von Schubspannung und Wanddicke definiert. Ebenso ist es oft zweckmäßig, mit einem Normalkraftfluß zu rechnen, der in gleicher Weise aus der Normalspannung entsteht.

Normalkraftfluß

$$n \;=\; \sigma\, t_b \;=\; 1,84\ \frac{\text{kN}}{\text{cm}^{2}}\cdot 0,2\ \text{cm} \;=\; 0,37\ \frac{\text{kN}}{\text{cm}}$$

Schubflüsse und Schubspannungen

Im mittleren der neun Beplankungsfelder ist der Schubfluß wegen der Symmetrie gleich Null. Für das erste daneben liegende Feld wird das statische Moment der abgeschnittenen Fläche aus der Stringerfläche und je der Hälfte des Mittelfeldes und des betrachteten Feldes berechnet.

$$S_1 \;=\; (A_{St} + bt_b)\,\frac{h}{2} \;=\; (1,5\ \text{cm}^2 + 2,4\ \text{cm}^2)\cdot 14\ \text{cm} \;=\; 54,6\ \text{cm}^3$$

$$q_1 \;=\; \frac{F_Q\, S_1}{I} \;\approx\; \frac{20\ \text{kN}\cdot 54,6\ \text{cm}^3}{19,0\cdot 10^{3}\ \text{cm}^{4}} \;=\; 0,0575\ \frac{\text{kN}}{\text{cm}}$$

$$\tau_1 \;=\; \frac{q_1}{t_b} \;=\; \frac{0,0575\ \text{kN/cm}}{0,2\ \text{cm}} \;=\; 0,29\ \frac{\text{kN}}{\text{cm}^{2}}$$

Bis zur Mitte des zweiten Feldes kommen ein Stringer und eine Feldbreite hinzu, so daß der Schubfluß und die Schubspannung im zweiten Feld doppelt so groß wie im ersten Feld sind. Das gleiche gilt für die Felder 3 und 4. Im vierten Feld (Randfeld) ist also

$$q_4 \;=\; 0,230\ \frac{\text{kN}}{\text{cm}} \qquad \text{und} \qquad \tau_4 \;=\; 1,15\ \frac{\text{kN}}{\text{cm}^{2}}$$

Für das statische Moment der Flächenteile zwischen Beplankungsmitte und Stegmitte muß zum statischen Moment des Vorfeldes Nr. 4 noch der Querschnitt der Randversteifung sowie das letzte halbe Beplankungsfeld und der Steganteil hinzugerechnet werden.

$$S_5 \;=\; S_4 + \left(A_R + \tfrac{1}{2}\,b\,t_b\right)\cdot\left(\tfrac{h}{2}\right) + \tfrac{1}{2}\,h\,t_h\cdot\frac{h}{4}$$

$$= 218\ \text{cm}^3 + 101\ \text{cm}^3 + 29\ \text{cm}^3 = 348\ \text{cm}^3$$

Damit wird

$$q_5 = \frac{20 \text{ kN} \cdot 348 \text{ cm}^3}{19,0 \cdot 10^3 \text{ cm}^4} = 0,366 \frac{\text{kN}}{\text{cm}}$$

$$\tau_5 = \frac{0,366 \text{ kN/cm}}{0,3 \text{ cm}} = 1,22 \frac{\text{kN}}{\text{cm}^2}$$

Mit der groben Näherungsformel Gl.(2.5), bei der je die Hälfte der
Querkraft durch eine Stegwand geschoben wird, kommt man auf den sehr
guten Näherungswert

$$\tau = \frac{F_Q/2}{h \ t_h} = \frac{10 \text{ kN}}{28 \text{ cm} \cdot 0,3 \text{ cm}} = 1,19 \frac{\text{kN}}{\text{cm}^2}$$

2.3.4 Biegung und Torsion

Bei Querschnitten von dünnwandigen Hohlträgern, die zur Lastebene
nicht symmetrisch sind, lassen sich im allgemeinen keine Stellen finden, an denen der Schubfluß gleich Null ist, wie z.B. bei offenen Trägern an der freien Kante oder bei symmetrischen Trägern in der Symmetrielinie. Man führt deshalb die Schubspannungsberechnung in dünnwandigen Hohlträgern mit beliebigem Querschnitt auf die Berechnung offener
Träger zurück. Dabei wird vorausgesetzt, daß die Querkraft parallel
zu einer Hauptachse des Querschnittes verläuft und daß zumindest die
dazu senkrechte Hauptachse eine Symmetrielinie ist.

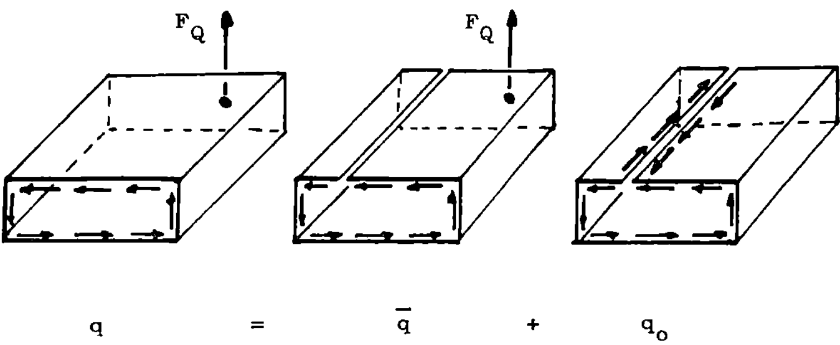

Bild 41   Aufteilung des Schubflusses

Die Rückführung auf die Berechnung offener Träger geschieht in folgenden Schritten :

1.) Längsschnitt durch ein Blechfeld legen.

   An der Schnittkante ist der Schubfluß damit gleich Null gesetzt worden. Das geschnittene Blechfeld erhält die Nummer Null. An der freien Kante beginnt die Umfangszählung z.B. mit der positiven Koordinate u im Gegenuhrzeigersinn

2.) Belastung in Richtungen der Hauptachsen des Querschnittes zerlegen und für jede Komponente einen vorläufigen Schubfluß nach der Gleichung

$$\bar{q} = \frac{F_{Qz} S_y}{I_y} + \frac{F_{Qy} S_z}{I_z} \qquad (2.53)$$

berechnen. An der freien Kante ist $\bar{q} = 0$.

3.) Den Schnittschubfluß q_o aus dem Gleichgewicht der Momente um eine Längsachse (x-Achse) berechnen.

   Mit dem Moment M_a der äußeren Kräfte, das als positiv angenommen wird, wenn es im Gegenuhrzeigersinn dreht, und mit Gl.(2.18) und (2.20) erhält man

$$M_a + \oint (\bar{q} + q_o) r_t \, du = 0$$

$$M_a + \oint \bar{q} \, r_t \, du + q_o \oint r_t \, du$$

$$q_o = - \frac{1}{2A_u} (M_a + \oint \bar{q} \, r_t \, du) \qquad (2.54)$$

4.) Schubflüsse überlagern.

$$q_i = \bar{q}_i + q_o \qquad (2.55)$$

Bei Tägern mit starken Gurten wird das Schubfeldschema angewandt. Der Schubfluß ist dann in den einzelnen Feldern konstant. Aus den Integralen werden Summen. Für die statischen Momente und die Trägheitsmomente benutzt man Gl.(2.2) und (2.42). Dabei werden die mittragenden Blechfeldteile zu den Gurtquerschnitten addiert.
Die Spannungen in den Versteifungen werden nach der elementaren Biegetheorie Gl.(2.13) berechnet.
Für den spezifischen Drillwinkel kann Gl.(2.31) benutzt werden, die das Drillmoment nicht explizit enthält.

<u>Beispiel</u>

Für den in Bild 42 gezeichneten Teil eines Tragflügelmittelkastens
sollen die Schubflußverteilung, die Schubspannungen, die Biegespannung
und der Drillwinkel berechnet werden.

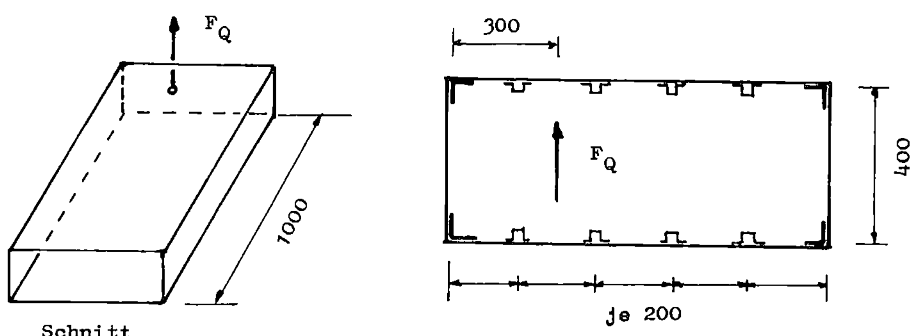

Bild 42   Tragflügelmittelkasten

Die eingezeichneten Maße gelten jeweils bis zum Schwerpunkt der Profile
einschließlich der mittragen Blechfeldanteile. Hier wurden alle Schwer-
punktlagen der Einfachheit wegen als gleich angesehen. Die Zeichnungs-
maßangaben sind Millimeter. In der folgenden Rechnung werden jedoch
wegen der bequemeren Zahlenwerte alle Längen in cm eingesetzt und die
Kräfte in kN angegeben.

Außer den Maßen nach Bild 42 sind folgende Werte gegeben :

Ecken links A_1 = 10 cm^2 Die mittragenden Blechfeld-

Ecken rechts A_2 = 6 cm^2 anteile sind in diesen Quer-

Stringer A_3 = 3 cm^2 schnitten bereits enthalten.

Blechdicken oben und unten t_1 = 1 mm

Blechdicken in den Stegen t_2 = 2 mm

Kastenlänge   l = 100 cm

Schubmodul   G = 2700 kN/cm^2 Belastung F_Q = 10 kN

Mit diesen Werten berechnet man

Flächenträgheitsmoment $I = 2 \cdot (10 + 6 + 4 \cdot 3) \cdot 40^2$ cm^4

$\qquad\qquad\qquad\qquad\qquad\quad = 22{,}4 \cdot 10^3$ cm^4

Widerstandsmoment $W = I/(h/2) = 1120$ cm^3

Das Biegemoment im gezeichneten Schnitt ist

$$M_b = F_Q \, l = 10 \text{ kN} \cdot 100 \text{ cm} = 1000 \text{ kN cm}$$

Damit erhält man zunächst die gesuchte Biegespannung

$$\sigma = \frac{M_{b \text{ max}}}{W} = \frac{1000 \text{ kN cm}}{1120 \text{ cm}^3} = 0,89 \frac{\text{kN}}{\text{cm}^2}$$

Die Schubflüsse werden in der folgenden Tabelle berechnet. Die Hebel-
arme r_t sind auf die linke untere Kante bezogen, weil sich dann für
mehrere Blechfelder das Schubkraftmoment zu Null ergibt.
Das mittlere Feld der Oberbeplankung wird als geschnitten angenommen
und mit dem Index O bezeichnet.
Die statischen Momente der Flächen bezüglich der waagerechten Schwer-
punktachse sind z.B.

$$S_i = \sum_{k=1}^{i} A_k z_k \qquad S_3 = (2 \cdot 3 \text{ cm}^2 + 10 \text{ cm}^2) \cdot 20 \text{ cm} = 320 \text{ cm}^3$$

Feld Nr.	S cm^3	$\bar{q}$ kN/cm	r_t cm	Δu cm	$\bar{q}\, r_t\, \Delta u$ kN·cm	q kN/cm	kN/cm^2	$q\frac{\Delta u}{t}$ kN/cm
O	O	O	40	20	O	0,0161	0,16	3,22
1	60	0,0268	40	20	21,4	0,0429	0,43	8,58
2	120	0,0536	40	20	42,9	0,0697	0,70	13,94
3	320	0,1429	0	40	0	0,1590	0,80	31,80
4	120	0,0536	0	20	0	0,0697	0,70	13,94
5	60	0,0268	0	20	0	0,0429	0,43	8,58
6	O	O	0	20	0	0,0161	0,16	3,22
7	-60	-0,0268	0	20	0	-0,0107	0,11	-2,14
8	-120	-0,0536	0	20	0	-0,0375	0,38	-7,50
9	-240	-0,1071	100	40	-428,6	-0,0910	0,46	-18,20
10	-120	-0,0536	40	20	-42,9	-0,0375	0,38	-7,50
11	-60	-0,0268	40	20	-21,4	-0,0107	0,11	-2,14
					-428,6			45,80

Der zu überlagernde Schubfluß q_o kann mit der Summe der sechsten
Spalte der Tabelle für das Integral in Gl.(2.54) berechnet werden.

$$q_o = -\frac{1}{8000 \text{ cm}^2}\, (10 \text{ kN} \cdot 30 \text{ cm} - 428,6 \text{ kN cm}) = -0,0161 \frac{\text{kN}}{\text{cm}}$$

Dieser Wert wird zu $\bar{q}$ addiert. Die endgültigen Schubflüsse findet man in der 7. Spalte der Tabelle. Die letzte Tabellenspalte enthält die zur Berechnung des Integrals in Gl.(2.31) benötigten Werte für den Drillwinkel. Mit der Länge $l = 100$ cm erhält man

$$\varphi = \frac{\Delta \varphi}{\Delta x} \cdot l = \frac{1}{2A_u G} \sum \frac{q \, \Delta u}{t} = \frac{100 \text{ cm}}{8000 \text{ cm}^2 \cdot 2700 \frac{\text{kN}}{\text{cm}^2}} \cdot 45,8 \frac{\text{kN}}{\text{cm}}$$

$$\varphi = 2,12 \cdot 10^{-3} \text{ rad} = 0,012^\circ$$

2.3.5 Schubmittelpunkt

Wie beim offenen Profil (s.Abschn. 2.2.2) gibt es auch beim geschlossenen Profil einen Querschnittspunkt, in dem die Querkräfte angreifen müssen, damit sich <u>keine Torsion</u> ergibt.

Man kann sich bei der Berechnung des Schubmittelpunktes der Methode aus Abschn. 2.3.4 bedienen. Man muß nur in der Momentgleichung (2.54) im Moment der äußeren Kraft

$$M_a = F_{Qz} \, e_y$$

den Hebelarm e_y als neue Unbekannte ansehen und als Zusatzbedingung einführen, daß der Drillwinkel gleich Null ist.

Für eine Hauptachsenkoordinate erhält man dann folgende Gleichungen :

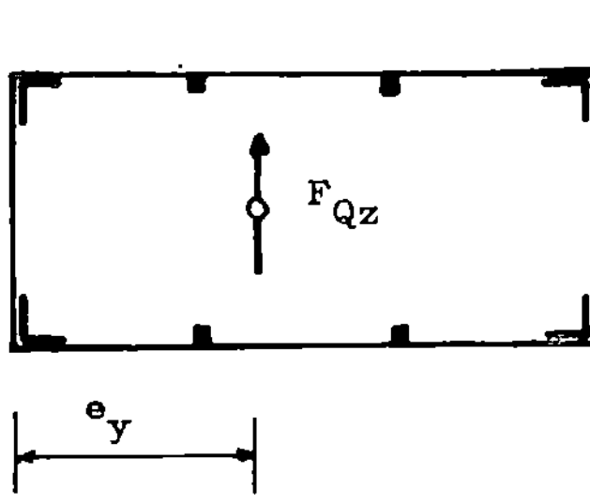

Bild 43   Schubmittelpunkt
eines Kastenträgers

$$\bar{q} = \frac{F_{Qz} \, S_y}{I_y} \qquad (2.56)$$

$$\varphi = \frac{1}{2A_u G} \oint \frac{q}{t} \, du = 0 \qquad (2.57)$$

In Gl.(2.57) kann man den Schubfluß in seine Anteile zerlegen und erhält nach Multiplikation mit dem Faktor vor dem Integralzeichen eine Bestimmungsgleichung für den Schubfluß q_o , der sich im allgemeinen von dem in Abschn. 2.3.4 berechneten unterscheidet.

$$\oint (q_o + \bar{q}) \frac{du}{t} = 0 = q_o \oint \frac{du}{t} + \oint \bar{q} \frac{du}{t}$$

$$q_o = - \frac{\oint \frac{\bar{q}}{t}\, du}{\oint \frac{1}{t}\, du} \tag{2.58}$$

Mit Gl.(2.56) und (2.58) geht man nun in die Momentgleichung ein

$$F_{Qz}\, e_y + \oint \bar{q}\, r_t\, du + q_o \cdot 2A_u = 0 \tag{2.59}$$

und erhält nach Kürzen von F_{Qz}

$$e_y = \frac{1}{I_y}\left[2A_u \frac{\oint \frac{S_y}{t}\, du}{\oint \frac{1}{t}\, du} - \oint S_y\, r_t\, du \right] \tag{2.60}$$

Die Vorzeichen in Gl.(2.60) gelten nur dann, wenn das Moment der äußeren Kraft und die Momente der Schubflüsse den gleichen Drehsinn haben.

<u>Beispiel</u>

Für den im Beispiel auf S. 55/56 gezeichneten Querschnitt eines geschlossenen Querschnittes soll die y-Koordinate des Schubmittelpunktes berechnet werden. Die z-Koordinate liegt auf der Symmetrieachse.
Wir benutzen Gl.(2.60) und berechnen die Integrale mit der folgenden Tabelle. Die Zahlen stammen zum Teil von S. 56.

Feld Nr.	S_y	t	r_t	Δu	$\frac{\Delta u}{t}$	$S_y \frac{\Delta u}{t}$	$S_y\, r_t\, \Delta u$
0	0	0,1	40	20	200	0	0
1	60	0,1	40	20	200	12000	48000
2	120	0,1	40	20	200	24000	96000
3	320	0,2	0	40	200	64000	0
4	120	0,1	0	20	200	24000	0
5	60	0,1	0	20	200	12000	0
6	0	0,1	0	20	200	0	0
7	-60	0,1	0	20	200	-12000	0
8	-120	0,1	0	20	200	-24000	0
9	-240	0,2	100	40	200	-48000	-960000
10	-120	0,1	40	20	200	-24000	-96000
11	-60	0,1	40	20	200	-12000	-48000
					2400	16000	-960000

Alle Längeneinheiten in cm .

Mit den Summenwerten aus der Tabelle erhält man nach Gl.(2.60)

$$e_y = \frac{1}{22,4 \cdot 10^3} \quad 8000 \cdot \frac{16000}{2400} - (-960000) = 45,2 \text{ cm}$$

von der linken Kante gemessen. Der Schwerpunkt liegt 42,9 cm von der linken Kante entfernt. Schwerpunkt und Schubmittelpunkt des Querschnittes fallen also nicht zusammen.
Die Verbindnungslinie der Schubmittelpunkte aller Querschnitte eines Trägers bezeichnet man als dessen elastische Achse.

<u>Beispiel</u>

Man berechne den Schubmittelpunkt eines Tragflächenholms mit Torsionsnase nach Bild 44.

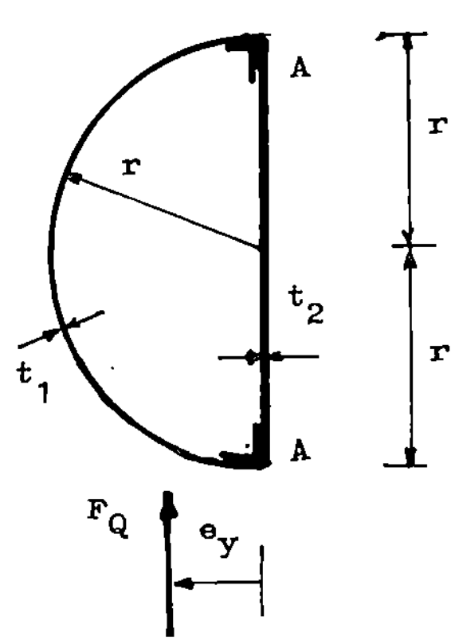

Bild 44   Holm mit Torsionsnase

Für die Torsionsnase wird der Einfachheit halber ein Halbkreis angenommen. Außerdem wird nach dem Schubfeldschema gerechnet, bei dem die mittragenden Blechfeldanteile gegenüber den starken Holmgurten vernachlässigt werden. Dann gilt

$$I = 2 A r^2$$

$$S_1 = 0 \qquad S_2 = - A r$$

und mit Gl.(2.56)

$$\overline{q}_1 = 0 \qquad \overline{q}_2 = - \frac{F_Q}{2r}$$

Aus Gl.(2.58) ergibt sich damit

$$q_o = - \frac{\overline{q}_2 \frac{2r}{t_2}}{\frac{\pi r}{t_1} + \frac{2r}{t_2}} = \frac{F_Q}{2r} \cdot \frac{1}{\frac{\pi}{2} \frac{t_2}{t_1} + 1}$$

Mit diesem Wert kann man e_y aus Gl.(2.59) berechnen. Wählt man die Bezugsachse so, daß sie durch den Kreismittelpunkt geht, so ist der Hebelarm $r_{t2} = 0$, und für den Kreisbogen ist $r_{t1} = r$.
Da $\overline{q}_1 = 0$ ist, tritt der zweite Term in Gl.(2.59) wegen $r_{t2} = 0$, nicht auf. Bei rechtsdrehend positivem Moment erhält das Moment der äußeren Kraft ein Minuszeichen.

$$- F_Q\, e_y + q_o \cdot \pi r^2 = 0$$

Wir setzen q_o aus der vorigen Gleichung in diese Momentgleichung ein
und erhalten für den Schubmittelpunkt des gegebenen Profils die Gleichung

$$e_y = r \cdot \cfrac{\dfrac{\pi}{2}}{\dfrac{\pi}{2} \cdot \dfrac{t_2}{t_1} + 1} \tag{2.61}$$

Im Sonderfall $t_1 = t_2$ ist $e_y = 0,611\ r$ .Gibt man dem Holmsteg die
doppelte Wanddicke der Torsionsnase $(t_2 = 2t_1)$, so rückt der Schubmittelpunkt nach rechts auf $e_y = 0,379\ r$ an den Steg heran.

2.3.6 Beanspruchung der Krafteinleitungsrippe

Einzelkräfte wie Triebwerks- oder Fahrwerkskräfte werden in dünnwandige Konstruktionen durch Rippen (Tragflügel) oder Spante (Rumpf)
eingeleitet. Diese sind mit der Schale vernietet oder verklebt und
leiten die Kräfte durch Schubflüsse weiter.
Die durch Niete übertragenen Randschubkräfte einer Rippe sind sozusa-
gen die Auflagerkräfte für die in die Rippe eingeleiteten äußeren Kräfte. Man kann sie nach den vorher beschriebenen Methoden aus der Differenz der Schubflüsse in den Feldern vor und hinter der Krafteinlei-
tungsrippe berechnen.
Sind dann die Randschubkräfte bekannt, so kann man die Rippe als Schubwandträger nach Abschn. 2.1 ansehen und mit den dort gezeigten Methoden die Schubspannung in den Rippenblechen und die Längsspannungen in
den Randversteifungen der Rippe nach dem Schubfeldschema berechnen.
In einem Sonderfall kann man die Randschubkräfte direkt aus den
Gleichgewichtsbedingungen an der Rippe bestimmen. Hat nämlich die
Tragfläche nur drei Gurte zur Aufnahme der Biegung, so treten zwischen
ihnen (im Schubfeldschema) nur drei jeweils konstante Schubflüsse auf,
für deren Bestimmung die drei Gleichgewichtsbedingungen in der Rippenebene gerade ausreichen.
Zur Vereinfachung der Rechnung wird im folgenden Beispiel ein solcher
Dreigurtträger vorausgesetzt (Bild 45).

Beispiel

Für die in Bild 45 gezeigte Rippe sollen Schubflüsse und Längskräfte
in den Randversteifungen für zwei Schnitte der Rippe berechnet werden.
Wir wollen einen Schnitt links neben den Holmgurt 3 und den zweiten
direkt rechts neben der Krafteinleitungsstelle anbringen.
Die im Bild eingetragenen Schubflüsse q_{ij} sind zwischen den Gurten
Nr. i und Nr. j konstant.

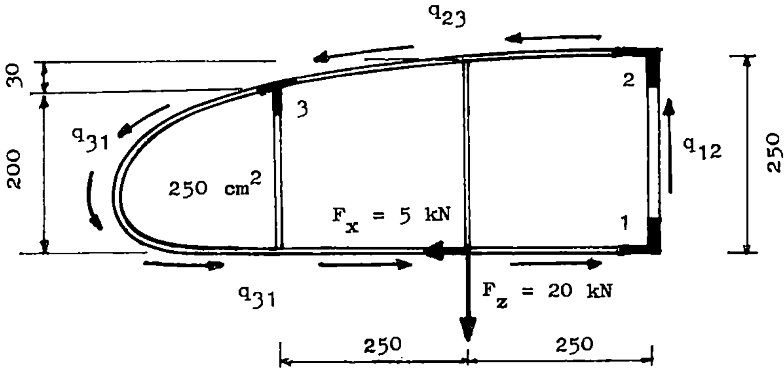

Bild 45   Rippe einer Tragfläche

Berechnung der Randschubflüsse

Wir benutzen die Gl.(2.17) für die Kräfte und Gl.(2.20) für die Momente.
Bezugsachse für die Momente ist eine senkrecht zur Rippenebene stehende
y-Achse durch denrechten unteren Holmgurt. Bei der Berechnung der umrandeten Fläche werden das mittlere und das rechte Rippenfeld näherungsweise als Trapezfelder angesehen.

$$\sum F_x = 0 = q_{31}\cdot 50 \text{ cm} - q_{23}\cdot 50 \text{ cm} - 5 \text{ kN}$$

$$\sum F_z = 0 = q_{12}\cdot 25 \text{ cm} - q_{23}\cdot 5 \text{ cm} - q_{31}\cdot 20 \text{ cm} - 20 \text{ kN}$$

$$\sum M_y = 0 = q_{23}\cdot 1275 \text{ cm}^2 + q_{31}\cdot 1500 \text{ cm}^2 + 20 \text{ kN}\cdot 25 \text{ cm}$$

Die Lösung des Gleichungssystems lautet

$$q_{12} = 0,646 \frac{\text{kN}}{\text{cm}} \qquad q_{23} = -0,234 \frac{\text{kN}}{\text{cm}} \qquad q_{31} = -0,134 \frac{\text{kN}}{\text{cm}}$$

Die Minuszeichen bedeuten eine Richtungsumkehr der Randschubflüsse gegenüber der in Bild 45 angesetzten Richtung. In den folgenden Teilen
werden die Randschubflüsse in der wirklich wirkenden Richtung eingetragen und dann natürlich das positive Vorzeichen benutzt.

Beanspruchung der Rippe

Vertikalschnitt links von Holm 3   (s.Bild 46)

$$F_{1o} \cos 6,84^\circ + F_{1u} = 0$$

$$F_{1o} \sin 6,84^\circ + 0,134 \frac{\text{kN}}{\text{cm}} \cdot 20 \text{ cm} - q_1 \cdot 20 \text{ cm} = 0$$

$$F_{1o} \cos 6,84^\circ \cdot 20 \text{ cm} + 0,134 \frac{\text{kN}}{\text{cm}} \cdot 250 \text{ cm}^2 = 0$$

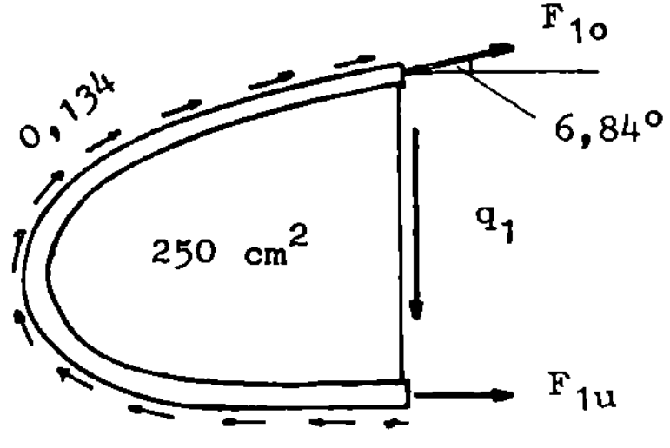

Bild 46   Vertikalschnitt
           durch die Rippe
           links neben Holm 3

Lösung des Gleichungssystems :

Obergurtkraft	F_{1o} = $-$ 1,687 kN
Untergurtkraft	F_{1u} = 1,675 kN
Schubfluß	q_1 = 0,124 $\frac{kN}{cm}$

Die positiven Vorzeichen bestätigen
die angesetzte Richtung der Kräfte,
das Minuszeichen sagt aus, daß die
angenommene Kraftrichtung im Obergurt umzukehren ist, daß es sich
also um eine Druckkraft handelt.

Vertikalschnitt rechts neben der Krafteinleitungsstelle (s.Bild 47)

Im Schnitt werden wieder die Schnittkräfte nach dem Schubfeldschema angesetzt und durch die Gleichgewichtsbedingungen am abgetrennten Teil
der Rippe bestimmt.

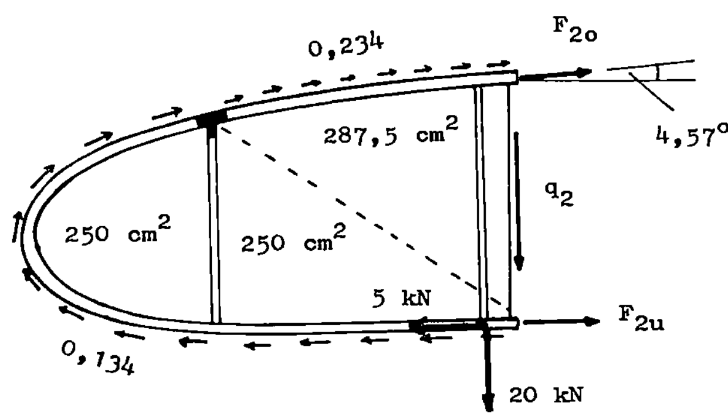

Bild 47   Vertikalschnitt durch die Rippe
           rechts neben der Krafteinleitungsstelle

$$F_{2o} \cos 4{,}57° + F_{2u} + 0{,}234 \, \frac{kN}{cm} \cdot 25 \text{ cm} - 0{,}134 \, \frac{kN}{cm} \cdot 25 \text{ cm}$$

$$- 5 \text{ kN} = 0$$

$$F_{2o} \sin 4{,}57^{\circ} + 0{,}134 \, \frac{kN}{cm} \cdot 20 \text{ cm} + 0{,}234 \, \frac{kN}{cm} \cdot 3 \text{ cm}$$

$$- 20 \text{ kN} - q_2 \cdot 23 \text{ cm} = 0$$

Momentgleichung für die Krafteinleitungsstelle

$$F_{2o} \cos 4{,}57^{\circ} \cdot 23 \text{ cm} + 0{,}134 \, \frac{kN}{cm} \cdot 2 \cdot (250 + \frac{20 \cdot 25}{2}) \text{ cm}^2$$

$$+ 0{,}234 \, \frac{kN}{cm} \cdot 2 \cdot \frac{25 \cdot 23}{2} \text{ cm}^2 = 0$$

Man erhält als Lösung des Gleichungssystems

Obergurtkraft	$F_{2o} =$	$- 11{,}71$ kN
Untergurtkraft	$F_{2u} =$	$14{,}18$ kN
Schubfluß	$q_2 =$	$-0{,}763 \, \frac{kN}{cm}$

Die Minuszeichen bedeuten wieder Umkehr der in Bild 47 angesetzten
Kraftrichtungen.

2.3.7   <u>Ausschnitte in dünnwandigen Kastenträgern</u>

Ausschnitte in dünnwandigen Konstruktionen sind vom Standpunkt der Festigkeit gesehen unerwünscht, vom Standpunkt der Funktion gesehen jedoch
häufig erforderlich als Türen, Fenster, Öffnungen zum Fahrwerkseinzug
oder für den Service.
Konstruktionen sind in der Nähe von Ausschnitten weniger steif und nei-
gen zu größeren Verformungen, die die Funktionsfähigkeit beeinträchtigen können. Deshalb werden Ausschnitte zur Erhaltung der Form mit
Randversteifungen versehen, die bei großen Ausschnitten erhebliche Ge-
wichtsvergrößerungen mit sich bringen. Ein Beispiel sind die Ladetore
bei Transportflugzeugen.
Bei kleineren Ausschnitten ergeben sich Spannungserhöhungen in den benachbarten Baugleidern, da die in der ungestörten Konstruktion übertragenen Kräfte um die Ausschnitte herumgeleitet werden müssen.

Am Beispiel eines Tragflügelkastens mit Ausschnitt soll die Änderung
des Schubflusses bei reiner Torsion gezeigt werden. In Bild 48 ist ein
solcher Träger gezeigt. Wir nehmen an, daß sich die Störung des elementaren Schubspannungszustandes nur auf den ausgeschnittenen Kasten und
die beiden Nachbarkästen erstreckt (Prinzip von de Saint-Venant).

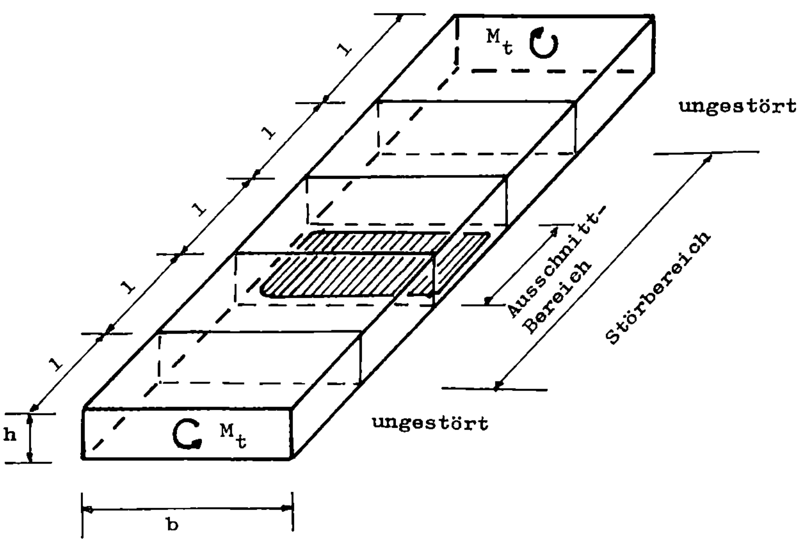

Bild 48   Kastenträger mit Ausschnitt

Das untere Blechfeld des Mittelkastens ist ausgeschnitten. Im ungestörten Bereich herrscht reiner Schubspannungszustand. Die Längskräfte sind
also gleich Null, und der Schubfluß wird aus der ersten Bredt'schen
Formel berechnet

$$q_t = \frac{M_t}{2bh}$$

Wir wollen die Schubflüsse im Ausschnittsbereich (Störbereich) als
Vielfache des Torsionsschubflusses q_t berechnen. Dazu legen wir zunächst einen Schnitt durch den ausgeschnittenen Mittelkasten.

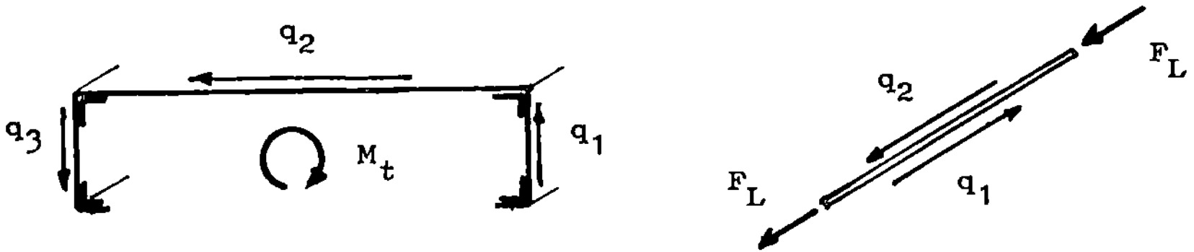

Bild 49   Schnitt durch den Mittelkasten .   Randversteifung

Das von außen auf den Kasten wirkende Torsionsmoment (Bild 48) ist hier
in Bild 49 im Schnitt eingezeichnet worden. Die Gleichgewichtsbedingungen am geschnittenen Kastenträger ergeben

waagerecht $\qquad q_2 \, b = 0$

senkrecht $\qquad q_1 \, h - q_3 \, h = 0$

Momente $\qquad q_1 \, h \, b - M_t = 0$
(Ecke links oben)

Lösung : $\qquad q_2 = 0 \qquad q_1 = q_3 = \dfrac{M_t}{bh} = 2\,q_t \qquad (2.62)$

Da die Schubflüsse q_1 und q_3 nicht in die waagerechten Blechfelder weitergeleitet werden können, müssen sie in die Eckversteifungen eingeleitet und in den Nachbarkästen abgesetzt werden. Die Eckversteifungen
werden also im gestörten Bereich durch Längskräfte belastet, während
sie im ungestörten Bereich unbelastet sind.
Die Kraft kann aus einer Gleichgewichtsbedingung an der Eckversteifung
berechnet werden (Bild 49). Wegen der Symmetrie wird dabei im vorderen
und im hinteren Schnitt des herausgelöst gedachten Stabes die gleiche
Kraft angesetzt :

$$2\,F_L + q_2\,1 - q_1\,1 = 0$$

Wegen $q_2 = 0$ erhält man sofort

$$F_L = \frac{q_1}{2\,1} = \frac{M_t}{2\,bhl}$$

an den Übergangspunkten zu den Nachbarkästen. Wegen des konstanten
Schubflusses verläuft die Längskraft im Randstab zwischen diesen beiden
Punkten linear. Die Längskraft in der rechten oberen Randversteifung
wird nach hinten als Druckkraft und nach vorn als Zugkraft in den Nachbarkasten weitergeleitet.
Zur Berechnung der Schnittkräfte in diesen Nachbarkästen legen wir auch
durch diesen einen Schnitt und legen außerdem die rechte obere Eckversteifung frei (Bild 50).

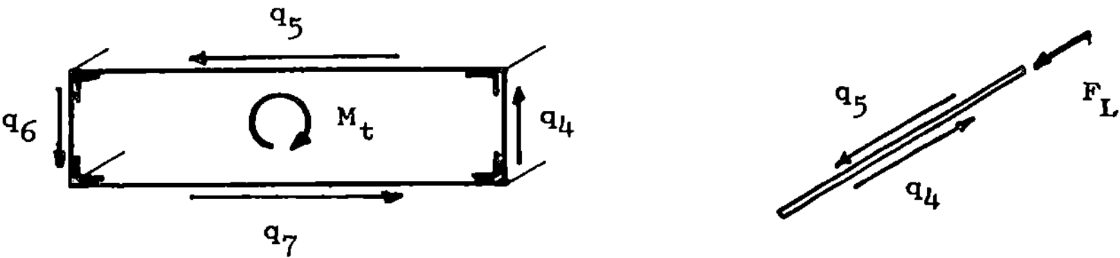

Bild 50   Schnitt durch den Kastenträger im Störbereich

Die Schubkräfte sind so eingetragen, wie sie vom Blechfeld auf die Eckversteifung wirken. Wenn wir den vor dem ausgeschnittenen Kasten liegenden gestörten Kasten betrachten, so finden wir am vorderen Ende der
Eckversteifung keine Längskraft, weil wir angenommen hatten, daß die
Störung und damit auch die Längskraft am Übergang zum ungestörten Bereich abgeklungen ist.

Gleichgewicht im Querschnitt   (Moment: linke untere Ecke)

$$q_5 \, b \; - \; q_7 \, b \; = \; 0$$

$$q_4 \, h \; - \; q_6 \, h \; = \; 0$$

$$q_4 \, h \, b \; + \; q_5 \, b \, h \; - \; M_t \; = \; 0$$

Gleichgewicht an der Eckversteifung

$$q_4 \, 1 \; - \; q_5 \, 1 \; - \; F_L \; = \; 0$$

Mit $F_L = q_t / 1$ aus dem Nachbarkasten erhält man für die vier Schubflüsse

$$q_4 \; = \; q_6 \; = \; 0{,}5 \, q_t \; = \; \frac{M_t}{4 \, bh}$$

$$q_5 \; = \; q_7 \; = \; 1{,}5 \, q_t \; = \; \frac{3 \, M_t}{4 \, bh}$$

Im Ausschnittbereich treten also doppelt so große Schubflüsse wie im
ungestörten Bereich auf. Wenn die <u>Spannung</u> einigermaßen <u>gleichmäßig</u>
verlaufen soll, muß man also wegen $\tau = q/t$ die <u>Wanddicke im Störbereich verdoppeln</u>. Das gilt auch für den Fensterbereich im Flugzeugrumpf.
Diese Maßnahme reicht für die Vordimensionierung aus. Genauere Rechnun-
gen erfordern einen erheblich größeren Aufwand.

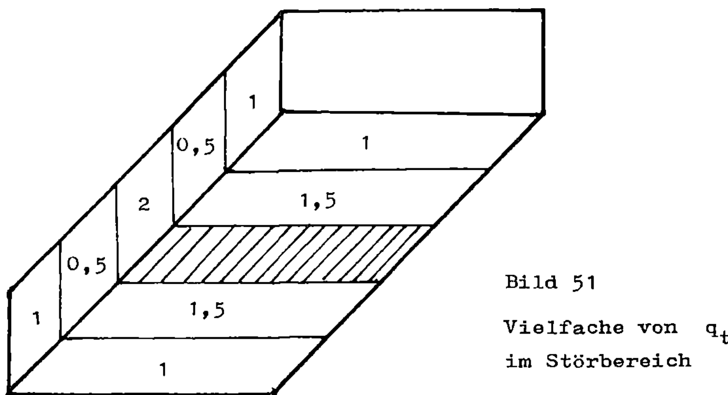

Bild 51

Vielfache von q_t
im Störbereich

3.   Stabilität

Besonders im Leichtbau muß man darauf achten, daß Bauteile wie Stäbe,
Platten oder Schalen nicht nur genügend fest, sondern auch genügend
stabil sind. Sie dürfen im allgemeinen nicht knicken, kippen oder beulen, weil dann ihre Tragfähigkeit vermindert oder nicht mehr vorhanden
ist.
Falls im Einzelfall für ein Bauteil elastisches Beulen zeitweilig zugelassen wird, muß man prüfen, wie die Nachbarbauteile dadurch zusätzlich belastet werden. In beiden Fällen muß man diejenige Last kennen,
bei der die Stabilität nicht mehr gewährleistet ist.

3.1   Euler'sche Knickkraft

Durch Druckkräfte belastete schlanke Stäbe weichen für bestimmte Größe
der Druckkraft plötzlich seitlich aus. Sie knicken.
Aus der elementaren Festigkeitslehre kennt man die Gleichung für diese
Kraft, die Euler'sche Knickkraft, bei einem Stab mit gelenkig gelagerten Enden

$$F_K = \frac{\pi^2 EI}{l^2} \tag{3.1}$$

In dieser Gleichung sind E der Elastizitätsmodul, I das kleinste
Flächenträgheitsmoment des Stabquerschnittes oder das Flächenträgheitsmoment für die erzwungene Biegeachse und 1 die Stablänge. Der Stab-
querschnitt sei A .
Die Gl.(3.1) gilt im elastischen Bereich, wenn die Knickspannung

$$\sigma_K = \frac{F_K}{A} = \frac{\pi^2 EI}{l^2 A} < \sigma_S \tag{3.2}$$

unterhalb der Streckgrenze des Materials liegt. Es sei angemerkt, daß
im Übergangsbereich zwischen σ_K und σ_S die Versuchswerte stark
streuen und weder durch σ_K noch durch σ_S genau beschrieben werden
können.

Beispiel

Die Knicksicherheit eines Stahlrohres ($E = 2 \cdot 10^4$ kN/cm^2) mit dem Außen-
durchmesser d_a = 2 cm, dem Innendurchmesser d_i = 1,6 cm und der Länge 1 = 100 cm soll für eine Druckkraft F = 4 kN bestimmt werden.

$$I = \frac{\pi}{64} (d_a^4 - d_i^4) = 0,464 \text{ cm}^4$$

$$A = \frac{\pi}{4} (d_a^2 - d_i^2) = 1,01 \text{ cm}^2$$

Die Knickkraft beträgt nach Gl.(3.1)

$$F_K = \frac{2 \cdot 10^4 \cdot 0{,}464}{100^2} \text{ kN} = 9{,}15 \text{ kN}$$

Wenn der Stab knicksicher sein soll, muß die vorhandene Druckkraft kleiner als die Knickkraft sein.

$$j \, F \leqq F_K \tag{3.3}$$

Die Knicksicherheit ist in unserem Fall

$$j = \frac{F_K}{F} = \frac{9{,}15 \text{ kN}}{4 \text{ kN}} = 2{,}3$$

Man bleibt hier im elastischen Bereich, denn es ist mit $\sigma_s = 24 \frac{\text{kN}}{\text{cm}^2}$

$$\sigma_K = \frac{9{,}15 \text{ kN}}{1{,}01 \text{ cm}^2} = 9{,}06 \frac{\text{kN}}{\text{cm}^2} < \sigma_s$$

3.1.1 Einspannbedingungen

Nur selten liegen ideale Randbedingungen mit gelenkig gelagerten Stabenden vor (z.B. bei einem Betätigungshebel). Meistens ist die richtige Einschätzung der Randbedingungen des Druckstabes sehr schwierig.
In vielen Fällen kann man die Knickkraft eines Stabes auf Gl.(3.1) zurückführen, wenn man beachtet, daß gelenkige Lagerung eine momentfreie Lagerung bedeutet. Da das Biegemoment eines Stabes der zweiten Ableitung der Biegelinie nach der Längenkoordinate proportional ist ($M_b = EI \, w''$) , ist das Biegemoment auch an den Wendepunkten der Biegelinie gleich Null . Das Stabstück zwischen zwei Wendepunkten entspricht also einem Biegestab mit momentfreien Enden (Bild 52).

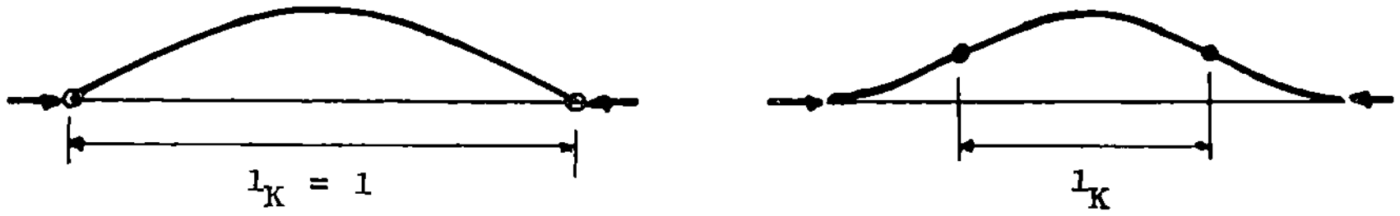

Bild   52   Knickstab und Knicklänge

Bezeichnet man nun den Abstand der Wendepunkte der Biegelinie als Knicklänge l_K und setzt diese Länge in Gl. (3.1) anstelle der Stablänge ein, so gilt diese Gleichung auch für andere Stabrandbedingungen.

$$F_K = \frac{\pi^2 EI}{l_K^2} \tag{3.4}$$

Die Knicklänge eines Stabes ist also die Länge eines an beiden Enden
momentfrei (gelenkig) gelagerten Stabes gleicher Knickkraft.
Für gelenkige Stabenden ist die Knicklänge gleich der Stablänge, für
beidseitig eingespannte Enden ist die Knicklänge gleich der halben Stablänge. Bei beidseitig elastischer Einspannung , z.B. an anderen Baugliedern, liegt 1_K zischen den Längen für den gelenkigen und für den
starr eingespannten Stab , und es gilt

$$\frac{\pi^2 EI}{1^2} \leqq F_K \leqq \frac{\pi^2 EI}{(\frac{1}{2})^2} = 4\,\frac{\pi^2 EI}{1^2} \tag{3.5}$$

Ein nach Bild 53 elastisch gelagerter
Druckstab ist an beiden Enden elastisch
eingespannt. Die Vertikalstäbe wirken
als Biegefedern, wenn der Stab in der
Zeichenebene knickt, sie wirken als
Torsionsfedern, wenn die Knickung aus
der Zeichenebene heraus erfolgt.
Bei großer Biegesteifigkeit der Vertikalstäbe liegt die Knicklänge des

Bild 53
Elastisch gelagerter
Druckstab

Horizontalstabes in der Zeichenebene näher an der Knicklänge für den
starr eingespannten Stab, während sie bei geringer Biegesteifigkeit
näher an der Stablänge (biegemomentfreie Lagerung) liegt.
Bei Knickung aus der Zeichenebene heraus wirken die Vertikalstäbe als
Torsionsfedern. Bei geringer Torsionssteifigkeit, also bei offenen
Profilen, hat man fast gelenkige Lagerung des Querstabes. Sind dagegen
die Vertikalstäbe drillsteif, muß man die Knickkraft mehr in der Nähe
der Knickkraft für eingespannte Stäbe suchen.
Erfahrungswerte geben für die Knicklänge von Stäben im Fachwerkverband
die Größenordnung $1_K \approx 0,8\ 1$ an.

3.1.2   Kurze Druckstäbe

Kurze Druckstäbe versagen nicht durch Knicken im elastischen Bereich,
sondern durch örtliche oder gesamte Überschreitung der Streckgrenze.
Man gelangt in den plastischen Bereich, in dem das Hooke'sche Gesetz
nicht mehr gilt. Im Übergangsbereich zwischen Knicken und Zerquetschen
streuen die Versuchsergebnisse. Die Begrenzung des Streubereichs erfolgt
durch z.B. die Tetmajer-Gerade oder durch eine Parabel, die unterhalb
des Streubereichs ohne Knick an die Euler-Kurve anschließt.Diese Kurve
erhält man durch Auftragen der Knickspannung σ_K nach Gl.(3.2) über dem
Schlankheitsgrad $\qquad \lambda = \sqrt{\frac{A \cdot 1^2}{I}}$

Der Übergangsbereich ist nur dann von Interesse, wenn man mit der Spannung bis an die Streckgrenze herangeht. Andernfalls ist die Abgrenzung nicht problematisch, wenn man ideales elastisch-plastisches Verhalten des Werkstoffes voraussetzen kann. Bei vielen Werkstoffen ist die Spannung jedoch der Dehnung nicht proportional. Will man dennoch mit der Euler-Formel rechnen, so muß man den Elastizitätsmodul E durch den

$$\text{Tangentenmodul} \qquad E_t = \frac{d\sigma}{d\varepsilon}$$

ersetzen.

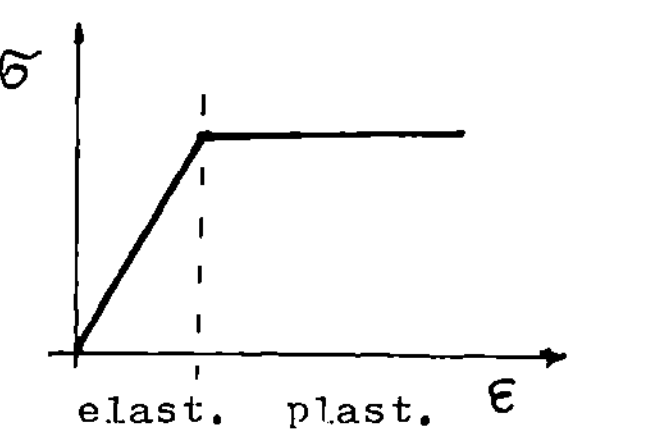
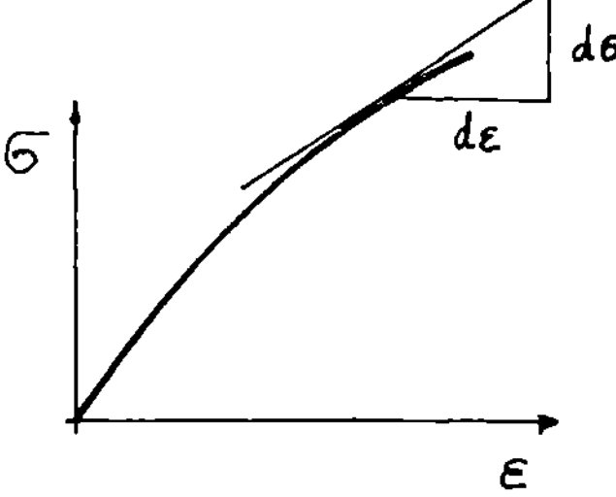

Bild 54   Spannung-Dehnung-Diagramme

3.2 Beulung von Platten unter Druckbelastung

Druckfelder aus dünnwandigem Blech gibt es auf der Druckseite von dünnwandigen Schalen :

  Unterseite eines Flugzeugrumpfes

  Oberseite des Tragflügels im Flug

  Unterseite des Tragflügels beim Rollen auf dem Boden

  Dach eines Omnibus

  Oberseite eines Containers beim Verladen

Kleinere Blechfelder unter Druckbelastung kann man in erster Näherung als eben ansehen, weil sie nur schwach gekrümmt sind. Die Krümmung quer zur Druckrichtung erhöht die Biegesteifigkeit des Blechfeldes und vergrößert damit die Beulspannung. Benutzt man auch für schwach gekrümmte Blechfeldplatten die Beulformeln für ebene Platten, so liegt man auf der "sicheren Seite".

Im Rahmen dieses Buches können die Beulformeln der Platte nicht hergeleitet werden. Man beschränkt sich also auf deren Angabe und den Umgang mit ihnen.

3.2.1   Beulformeln

In den Büchern über Plattentheorie werden Beulformeln für Platten mit
verschiedenen Lagerungsbedingungen der Ränder hergeleitet. Sie lassen
sich alle auf die Form

$$\sigma_B = K \frac{\pi^2}{12(1-\nu^2)} E \left(\frac{t}{b} \right)^2 \tag{3.6}$$

bringen. Hierin bedeuten

    E   Elastizitätsmodul

    ν Querdehnungszahl

    t   Blechdicke

    b   kleinere Rechteckseite

    K   Beulfaktor , abhängig vom Seitenverhältnis a/b der Platte
und von den Randbedingungen

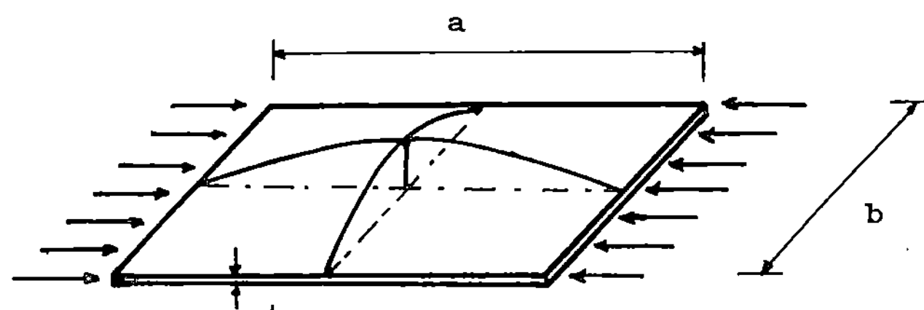

Bild 55   Platte unter Druckbelastung

Setzt man in Gl. (3.6) für ν den für Metalle gültigen Wert 0,3 ein,
so kann der Faktor $\pi^2/12(1-\nu^2)$ = 0,9 auch mit K zusammengefaßt
werden. Man schreibt dann Gl.(3.6) in der Form

$$\sigma_B = \overline{K} E \left(\frac{t}{b} \right)^2 \tag{3.7}$$

und kann $\overline{K}$ = 0,9 K für verschiedene Seitenverhältnisse und Randbedingungen aus Kurvenblättern (z.B. ISB-Handbuch) entnehmen.
Das Seitenverhältnis der Paltte ist nur für kleine Werte a/b von Bedeutung, weil es dann darauf ankommt, wieviele Beulen in das Blechfeld "passen" und wie groß dadurch der Zwang wird.
Bei überall drehbar gelagerter Platte ist der Faktor K für alle
ganzzahligen Verhältnisse a/b gleich 4 und weicht für große a/b
nur wenig von diesem Wert ab. Da im Flugzeugbau häufig lange Felder

auftreten, genügt zur Bestimmung der Beulspannung dieser asymptotische
Wert. Für lange Felder (Plattenstreifen) erhält man

    alle Ränder momentfrei (gelenkig)   K = 4

    alle Ränder eingespannt   K = 7

    eine lange Seite gelenkig gelagert,   K = 0,4
    die gegenüber liegende Seite frei

Die Kurvenblätter geben die Beulfaktoren nur für gewisse idealisierte
Randbedingungen wieder, nämlich für starr eingespannte Ränder, frei
drehbare oder freie Ränder. In Wirklichkeit hat man meistens elastisch
eingespannte Ränder, so daß die Randbedingungen nur schwer festzulegen
sind. Der Ingenieur muß dann den Einspanngrad schätzen und den Beulfaktor danach auswählen.

<u>Beispiel</u>

Man bestimme die Beulspannung eines Blechfeldes einer Tragflächenober-
seite, das auf der langen Seite auf Stringern mit offenem Profil und
auf der kurzen Seite auf relativ starren Rippen vernietet ist.
$a = 400$ mm , $b = 120$ mm , $t = 0,8$ mm , $E = 7 \cdot 10^3$ kN/cm^2 .

Das Feld ist lang genug, so daß die asymptotischen Werte der Beulfaktoren benutzt werden können. Die Stringer mit offenem Profil haben nur
geringe Torsionssteifigkeit, können also eine Randdrehung des Feldes
nur wenig behindern. Man kann näherungsweise gelenkige Lagerung annehmen. Gute Vernietung auf den Rippen kann wohl eine waagerechte Tangente
des Blechfeldes garantieren, so daß starre Einspannung auf diesen Rändern angenommen werden darf. Aus [6] entnimmt man für diese Randbedingungen und $a/b = 3,3$ den Wert $K = 4,1$, der nur geringfügig größer
ist als der Wert für gelenkig gelagerte Ränder. Es kommt bei langen
Platten also nur darauf an, wie die Beule zwischen die schmale Plattenrichtung paßt. Bei Plattenstreifen sind die Randbedingungen auf den
langen Seiten maßgebend, wenn die schmalen Seiten gedrückt werden.
In unserem Beispiel erhält man aus Gl.(3.6) mit $K = 4,1$

$$\sigma_B = 4,1 \cdot 0,9 \cdot 7 \cdot 10^3 \frac{kN}{cm^2} \cdot \left(\frac{0,8 \ mm}{120 \ mm} \right)^2 = 1,44 \frac{kN}{cm^2}$$

Hätte man anstatt der Stringer mit offenem Profil solche mit Hutprofil
genommen, so hätte deren Torsionssteifigkeit auch für die langen Ränder
der Platte eine gewisse Einspannung bewirkt, und man könnte dann einen
gegenüber dem starr eingespannten Rand abgeminderten Faktor $K \approx 6$
annehmen.

Wegen der zu treffenden Annahmen und wegen der Empfindlichkeit der Beul-
last gegen Vorbeulen, die z.B. durch Fertigungsungenauigkeiten entstehen
können, ist es nicht sinnvoll, die Beulspannung mit großer Genauigkeit
anzugeben.

<u>Gekrümmte Blechfelder</u> haben gegenüber ebenen Blechfeldern eine erhöhte
Beulspannung, wenn die Krümmung zylindrisch ist und die Druckkraft in
Richtung der Zylinderachse wirkt. Man kann die Größenordnung der Beulspannung des gekrümmten Blechfeldes abschätzen, wenn man zur Beulspannung der ebenen Platte die Beulspannung eines axial gedrückten Kreis-
zylinders mit dem Radius r addiert.

$$\sigma'_B = \overline{K} E \left(\frac{t}{b} \right)^2 + 0,25 \, E \, \frac{t}{r} \qquad\qquad (3.8)$$

Im Beispiel von S. 72 würde sich die Beulspannung bei einem Krümmungs-
radius r = 2 m um

$$\sigma'_{zyl} = 0,25 \cdot 7000 \, \frac{kN}{cm^2} \cdot \frac{0,8 \, mm}{2000 \, mm} = 0,7 \, \frac{kN}{cm^2}$$

auf 2,14 kN/cm^2 erhöhen.

3.2.2 Mittragende Breite

Im allgemeinen wird die Blechdicke der Felder so gewählt, daß bis zum
Bruch kein Beulen eintritt. Gelegentlich wird aber im Flugzeugbau aus
Gründen der Gewichtsersparnis elastisches Beulen zugelassen.

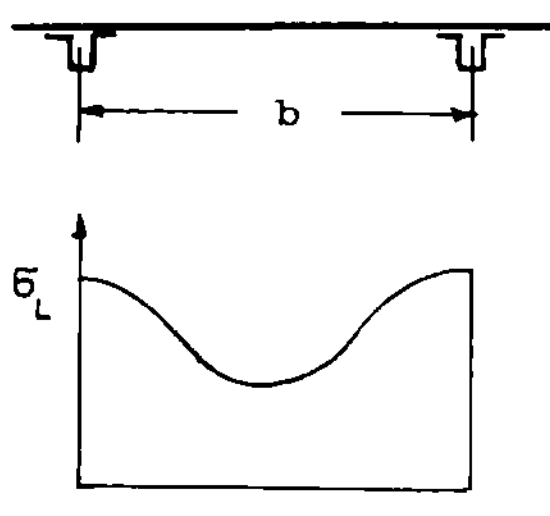

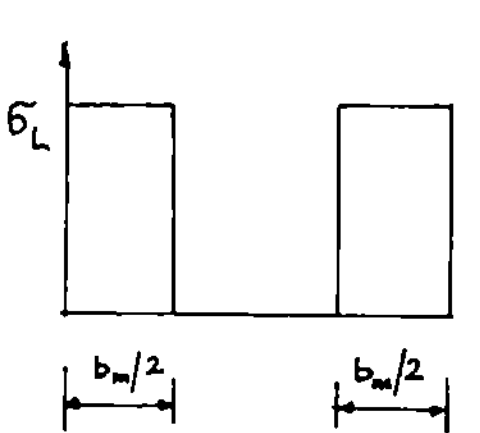

Nach dem Beulen überträgt die Mitte
des Blechfeldes nur noch geringe
Druckkräfte, weil sie sich der Kraftaufnahme durch Ausweichen quer zur
Plattenrichtung entzieht. An den
Rändern des Feldes können aber wegen
der Verbindung des Blechfeldes mit
den Randversteifungen die Druckkräfte übertragen werden. Dieser Anteil
ist aber umso kleiner, je weiter die
Beulspannung überschritten ist. Er
hängt vom Verhältnis der Beulspannung zur Spannung in den Randversteifungen ab.
Zur Abschätzung der mittragenden
Blechfeldanteile nimmt man eine Ide-

Bild 56   Mittragende Breite

alisierung vor. Man nimmt an, daß anstatt der veränderlichen Spannuns-
verteilung eine Verteilung vorliegt, bei der in der Mitte des Blechfel-
des keine Kraftübertragung vorliegt, während der Rand voll mitträgt.
In Bild 56 sind beide Verteilungen aufgetragen.
Marguerre fand eine einfache Formel zur Abschätzung der "mittragenden
Breite" , die Versuchsergebnissen angepaßt wurde.

$$b_m = b \sqrt[3]{\frac{\sigma_B}{\sigma_L}} \qquad (3.9)$$

Die Formel muß gegebenenfalls als Iterationsformel benutzt werden, weil
bei gegebener Druckkraft die Spannung in der Längsversteifung von der
mittragenden Breite abhängt.

<u>Beispiel</u>

Durch die in Bild 57 gezeigte Blechhaut-Stringer-Konstruktion (versteifte Platte) soll auf der Breite $b = 15$ cm die Druckkraft $F = 5$ kN
übertragen werden. Wie groß ist die Spannung in einem Stringer ?

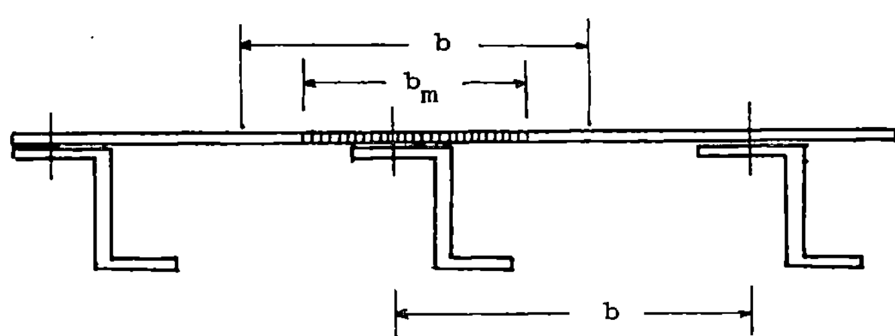

Bild 57   Versteifte Platte

Gegeben sind außer der Breite und der Kraft

Stringerquerschnitt	$A_{St} =$	1 cm^2
Blechdicke	$t =$	1 mm
Feldlänge	$a =$	40 cm
Elastizitätsmodul	$E =$	$7000 \frac{kN}{cm^2}$

Wegen der geringen Torsionssteifigkeit der Stringer wird für die Ränder
gelenkige Lagerung angenommen. Da die Feldlänge in der Größenordnung
von drei Feldbreiten liegt, kann der Beulfaktor $K = 4$ gesetzt werden.
Die Beulspannung beträgt nach Gl.(3.6) und (3.7)

$$\sigma_B = 4 \cdot 0,9 \cdot 7000 \frac{kN}{cm^2} \cdot (\frac{1}{150})^2 = 1,12 \frac{kN}{cm^2}$$

Bei Annahme vollen Mittragens der Blechhaut ist die Spannung

$$\sigma_L \;=\; \frac{F}{A_{St} + b_m t} \;=\; \frac{5 \text{ kN}}{1 \text{ cm}^2 + 15 \text{ cm} \cdot 0,1 \text{ cm}} \;=\; 2 \;\frac{\text{kN}}{\text{cm}^2}$$

Diese Spannung ist größer als die Beulspannung. Die Beplankung (Blechhaut) trägt also nicht voll mit. Die erste Näherung für die mittragende Breite ergibt sich aus Gl.(3.9)

$$b_m \;=\; 15 \text{ cm} \cdot \sqrt[3]{\frac{1,12}{2}} \;=\; 12,4 \text{ cm}$$

Mit diesem Wert ist die tragende Querschnittsfläche

$$A \;=\; A_{St} + b_m t \;=\; 2,24 \text{ cm}^2$$

und die Spannung

$$\sigma_L \;=\; \frac{5 \text{ kN}}{2,24 \text{ cm}^2} \;=\; 2,23 \;\frac{\text{kN}}{\text{cm}^2}$$

Geht man mit diesem Wert noch einmal in Gl.(3.9), so erhält man $b_m = 11,9$ cm und $\sigma_L = 2,28$ kN/cm^2 . Das Verfahren konvergiert auf $b_m = 11,8$ cm und

$$\sigma_L \;=\; \frac{5 \text{ kN}}{2,18 \text{ cm}^2} \;=\; 2,3 \;\frac{\text{kN}}{\text{cm}^2}$$

Jetzt müßte noch die <u>Stabilität der Platte insgesamt</u> nachgewiesen werden. Man kann nun entweder aus Kurventafeln, die z.B. in [5] , [6] oder [8] zu finden sind, die Beulspannung für eine längsversteifte Platte entnehmen oder als Näherung die Knickkraft eines Stringers einschließlich des mittragenden Blechfeldanteils als Druckstab mit der Euler-Formel berechnen. Wenn nämlich die Blechfelder gebeult sind, kann der Stringer zwischen diesen Feldern als Einzelstab angesehen werden.
Es sei angemerkt, daß diese Näherung für Platten mit dicken Blechen nicht gilt. Die Beulspannung ist dann eine komplizierte Funktion der Querschnittsflächen und Flächenträgheitsmomente von Stringern und Blechfeldern.
In unserem Fall wollen wir annehmen, daß der Stringer eine Höhe h = 2,7 cm und ein Flächenträgheitsmoment I = 0,63 cm^4 habe.
Für die Benutzung der Euler-Formel benötigen wir das Flächenträgheitsmoment der Stringer-Blechfeld-Kombination.
Legen wir das Koordinatensystem in die Trennungslinie von Stringer und Blechfelds so kann man die gemeinsame Schwerpunktlinie aus der Gleichung

$$z_S = \frac{b_m t \cdot (t/2) - A_{St} \cdot (h/2)}{b_m t + A_{St}} = \frac{1,18 \cdot 0,05 - 1 \cdot 1,35}{1,18 + 1} \ \text{cm}$$

$$= -0,59 \ \text{cm}$$

finden. Das Flächenträgheitsmoment für diese Achse ist

$$I = I_{St} + A_{St} \left(\frac{h}{2} - z_S \right)^2 + b_m t \left(\frac{t}{2} - z_S \right)^2$$

$$= 0,63 \ \text{cm}^4 + 1 \ \text{cm}^2 \cdot (0,76 \ \text{cm})^2 + 1,18 \ \text{cm}^2 \cdot (0,64 \ \text{cm})^2$$

$$= 1,70 \ \text{cm}^4$$

Damit erhält man die Knickkraft

$$F_K = \frac{\pi^2 EI}{l^2} = \frac{\pi^2 \cdot 7000 \cdot 1,70}{40^2} \ \text{kN} = 73,8 \ \text{kN}$$

Dieser Wert liegt weit oberhalb der angegebenen Belastung $F = 5$ kN.

3.2.3 Druckfestigkeit von dünnwandigen Stäben

Die Druckfestigkeit von dünnwandigen Stäben kann auf drei Arten erschöpft sein :

1. Knicken als Euler-Stab
2. Zerquetschen als kurzer Stab (Erreichen der Streckgrenze)
3. Instabilität der Stabwände

Der dritte Fall ist mathematisch äußerst kompliziert. Er reicht vom örtlichen Beulen der Stabwand (Knittern) beim Profil mit geschlossenem Querschnitt bis zum Beulen eines freien Schenkels des Stabes mit offenem Profil, das dann zum Biegedrillknicken des ganzen Stabes führt.
Wir wollen hier das Beulen der Stabwände als Kriterium für die Instabilität des ganzen Stabes ansehen.

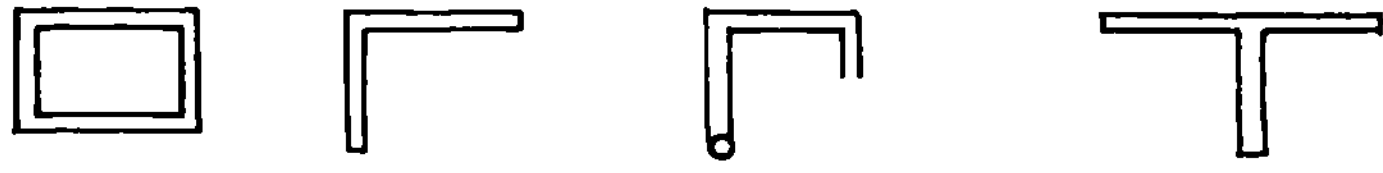

Bild 58   Stabquerschnitte

Bei geschlossenen Profilen wird jede Teilwand als beidseitig gelenkig gelagerter Plattenstreifen angesehen, weil man annimmt, daß die Nachbarwände gleichsinnig mitdrehen würden. Bei offenen Profilen kann man die freien Schenkel als einseitig gelenkig gelagerte und an der anderen Seite freie Plattenstreifen ansehen.

<u>Beispiel</u>

Ein Stab mit dem in Bild 59 gezeigten Profil wird durch eine Druckkraft in der Stablängsachse belastet. Wie groß ist die Tragfähigkeit F bei Annahme gelenkiger Lagerung der Stabenden ?

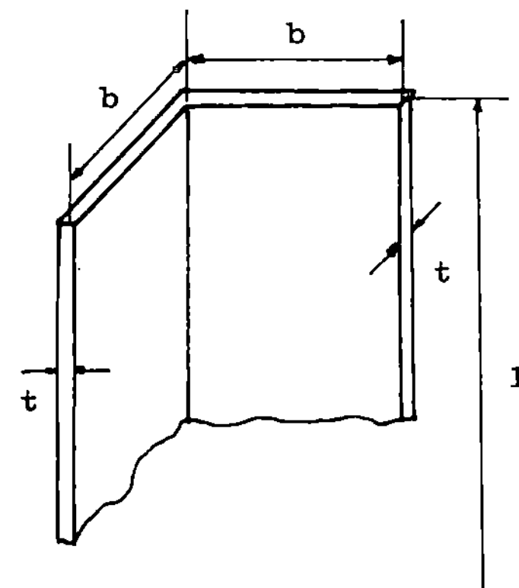

Bild 59   Druckstab mit
          offenem Profil

$$l = 250 \text{ mm}$$
$$b = 20 \text{ mm}$$
$$t = 1 \text{ mm}$$
$$E = 7000 \ \text{kN/cm}^2$$
$$\sigma_S = 30 \ \text{kN/cm}^2$$

1. Euler-Knicken

$$I_{min} = \frac{b^3 t}{12} = \frac{2^3 \cdot 0,1}{12} \ \text{cm}^4$$
$$= 0,0667 \ \text{cm}^4$$

$$F = \frac{\pi^2 E I_{min}}{l^2} = \frac{\pi^2 \cdot 7000 \cdot 0,0667}{25^2}$$
$$= 7,4 \ \text{kN}$$

2. Zerquetschen

$$A = 2 \ bt = 0,4 \ \text{cm}^2$$

$$F = \sigma_S A = 30 \ \frac{\text{kN}}{\text{cm}^2} \cdot 0,4 \ \text{cm}^2 = 12,0 \ \text{kN}$$

3. Instabilität der Wand

$$\sigma_B = 0,4 \cdot 0,9 \cdot E \left(\frac{t}{b} \right)^2 = 0,36 \cdot 7000 \ \frac{\text{kN}}{\text{cm}^2} \cdot \left(\frac{1}{20} \right)^2 = 6,3 \ \frac{\text{kN}}{\text{cm}^2}$$

$$F = \sigma_B A = 6,3 \ \frac{\text{kN}}{\text{cm}^2} \cdot 0,4 \ \text{cm}^2 = 2,5 \ \text{kN}$$

Die Tragfähigkeit ist das Minimum der drei Kräfte. Die Instabilität der Wand ist maßgebend und die Tragfähigkeit des Stabes beträgt $F = 2,5$ kN.

Beispiel

Ein an beiden Enden gelenkig gelagerter Druckstab von 1m Länge mit dem in Bild 60 gezeichneten Profil wird mittig durch die Druckkraft $F = 30$ kN belastet.

Die Werkstoffkenngrößen sind

$$E = 7000 \ \frac{kN}{cm^2}$$

$$\sigma_S = 30 \ \frac{kN}{cm^2}$$

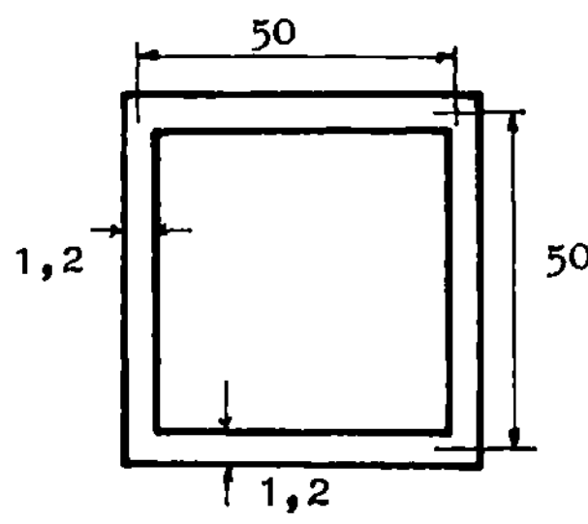

Bild 60 Druckstab mit geschlossenem Profil

Querschnittswerte

$$A = 4 \cdot 0,12 \ cm \cdot 5 \ cm = 2,4 \ cm^2$$

$$I = \frac{(5 + 0,12)^4 - (5 - 0,12)^4}{12} \ cm^4 = 10,0 \ cm^4$$

Knicken

$$F_K = \frac{\pi^2 EI}{l^2} = \frac{\pi^2 \cdot 7000 \cdot 10}{100^2} \ kN = 69,1 \ kN$$

$$j_K = \frac{F_K}{F} = \frac{69,1 \ kN}{30 \ kN} = 2,3$$

Streckgrenzenkriterium (Zerquetschen)

$$F_S = \sigma_S \ A = 30 \ \frac{kN}{cm^2} \cdot 2,4 \ cm^2 = 72,0 \ kN$$

$$j_S = \frac{F_S}{F} = \frac{72,0 \ kN}{30 \ kN} = 2,4$$

Beulen (gelenkig gelagerte lange Platte, $K = 4$)

$$\sigma_B = 4 \cdot 0,9 \cdot E \left(\frac{t}{b} \right)^2 = 3,6 \cdot 7000 \ \frac{kN}{cm^2} \cdot \left(\frac{1,2}{50} \right)^2 = 14,5 \ \frac{kN}{cm^2}$$

$$F_B = \sigma_B \ A = 14,5 \ \frac{kN}{cm^2} \cdot 2,4 \ cm^2 = 34,8 \ kN$$

$$j_B = \frac{F_B}{F} = \frac{34,8 \ kN}{30 \ kN} = 1,16$$

Tragsicherheit

$$j = Min \ (\ j_K \ , \ j_S \ , \ j_B \ ) = 1,16$$

3.3 Schubbeulen

Schubbeulen sind Instabilitäten in Schubfeldern. Sie köönen z.B. in den Blechfeldern der Flugzeugrumpfseitenwand beim Landestoß oder in Schubwandträgern mit dünnem Steg auftreten.

Bei Verwendung größerer Blechdicken ist Schubbeulen ohne Bedeutung.

In dünnwandigen Feldern ergeben sich nach dem Ausbeulen neue Lastverteilungen in den benachbarten Baugliedern. Wir suchen ein einfaches Rechenhilfsmittel, das es uns gestattet, diese Kraftumlagerungen und die sich hieraus ergebenden Zusatzspannungen zu erfassen.

3.3.1 Beulformel

Die Schubbeulformel für ebene Blechfelder kann auf die Form der Gl.(3.6) gebracht werden.

$$\tau_B = K \; \frac{\pi^2}{12(1-\nu)} \; E \left(\frac{t}{b} \right)^2 \tag{3.10}$$

Der Faktor K ist wieder eine komplizierte Funktion des Seitenverhältnisses a/b und der Randbedingungen. In Gl.(3.10) ist b jeweils die kleine Rechteckseite. Kollbrunner und Meister 5 geben einfache Formeln als Näherungen an. Mit $b \leq a$ ist

$$K = 5,34 + 4 \left(\frac{b}{a} \right)^2 \qquad \text{alle Ränder drehbar gelagert}$$

$$K = 9,0 + 5,6 \left(\frac{b}{a} \right)^2 \qquad \text{alle Ränder starr eingespannt}$$

Für elastische Einspannung muß zwischen diesen Werten interpoliert werden.

Wenn die vorhandene Schubspannung die Beulspannung überschreitet, treten wellenförmige Beulen im Blechfeld auf, die unter ungefähr 45° gegen die Feldränder geneigt sind und sich umso tiefer einkerben, je mehr die vorhandene Schubspannung die Beulspannung überschreitet.

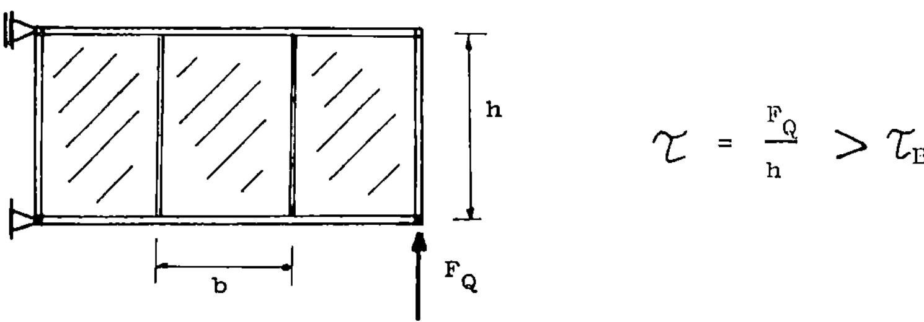

$$\tau = \frac{F_Q}{h} > \tau_B$$

Bild 61   Schubbeulen

<u>Beispiel</u>

Ein Kastenträger nach Bild 62 soll
ein Torsionsmoment $M_t = 4$ kN m
übertragen. Wie sind die Wand-
dicken bei zweifacher Beulsicherheit zu wählen ?
Wie ändert sich die Wanddicke des
oberen Feldes, wenn man es durch
drei Stringer in vier Felder unter-
teilt ?
Wie groß ist die Gewichtsersparnis,
wenn der Stringerquerschnitt $A =$
1 cm^2 und die Dichte des Werkstof-
fes Aluminium $\varrho = 2{,}7$ g/cm^3 beträgt ?
Gegeben sind $\quad$ h $=$ 20 cm , $\quad$ b $=$ 50 cm , $\quad$ l $=$ 100 cm , $\quad$ E $=$ 7000 $\dfrac{\text{kN}}{\text{cm}^2}$

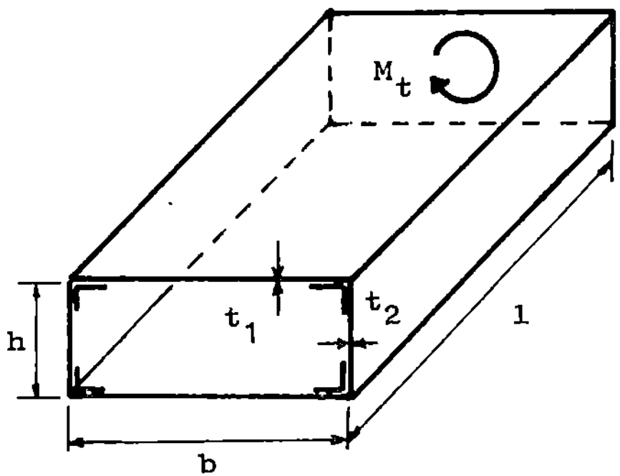

Bild 62 $\quad$ Torsionskasten

Die Bedingung für zweifache Beulsicherheit lautet mit Gl. (3.10)
(2.25) und der Feldbreite b_F

$$2\,\tau = 2\,\frac{M_t}{2\,bht} \;\leqq\; \tau_B = K \cdot 0{,}9\, E \left(\frac{t}{b_F} \right)^2 \qquad (3.11)$$

Diese Ungleichung kann nach der Wanddicke t aufgelöst werden.

$$t \;\geqq\; \sqrt[3]{\frac{M_t}{bh} \cdot \frac{b_F^2}{0{,}9\, K\, E}} \qquad (3.12)$$

Wir nehmen an, daß die Ecken des Kastens durch Winkelprofile gut ausgesteift sind, so daß die Blechfelder als eingespannt angesehen werden
können. Dann ist

$$K = 9{,}0 + 5{,}6 \left(\frac{b_F}{l} \right)^2$$

Für die Blechfelder oben und unten ist $\quad b_F = b = 50$ cm $\quad$ und $\quad$ l $=$ 100 cm.
Man erhält also

$$K = 10{,}4 \qquad t_1 = 0{,}248 \text{ cm} \qquad \underline{t_1 = 2{,}5 \text{ mm}}$$

Für die seitlichen Felder gilt $\quad b_F = 20$ cm, $\quad$ l $=$ 100 cm. Damit wird

$$K = 9{,}2 \qquad t_2 = 0{,}140 \text{ cm} \qquad \underline{t_2 = 1{,}4 \text{ mm}}$$

Verkleinert man nun die Beulfläche des oberen Feldes durch Versteifung
mit Hilfe von drei Stringern, so wird die neue Feldbreite $b_F = 12{,}5$ cm.
Da die Stringer nicht torsionssteif sind, nimmt man lieber gelenkige

Randlagerung an. Der Beulfaktor ist dann

$$K = 5,34 + 4 \left(\frac{b_F}{l} \right)^2 = 5,34 + 4 \cdot \left(\frac{12,5}{100} \right)^2 = 5,41$$

Aus Gl. 3.12) ergibt sich die erforderliche Wanddicke

$$t_1' = 0,121 \text{ cm} \qquad\qquad \underline{t_1' = 1,2 \text{ mm}}$$

Wegen der ungünstig angenommenen Randbedingungen kann hier abgerundet werden.

Gewichtsvergleich

Das Volumen des unversteiften Feldes mit der größeren Wanddicke beträgt

$$V_1 = t_1 bl = 0,25 \text{ cm} \cdot 50 \text{ cm} \cdot 100 \text{ cm} = 1250 \text{ cm}^3$$

Das Volumen des versteiften Feldes mit der kleineren Wanddicke beträgt

$$V_1' = t_1' bl + 3 A l = 0,12 \text{ cm} \cdot 50 \text{ cm} \cdot 100 \text{ cm}$$
$$+ 3 \cdot 1 \text{ cm}^2 \cdot 100 \text{ cm} = 900 \text{ cm}^3$$

Gewichtsersparnis für Ober- und Unterseite

$$G = 2 \, \varrho \, g \, (V_1 - V_1') = 2 \cdot 2,7 \, \frac{g}{\text{cm}^3} \cdot 9,81 \, \frac{m}{s^2} \cdot 350 \text{ cm}^3$$
$$= 18,5 \, \frac{\text{kg m}}{s^2} = \underline{18,5 \text{ N}}$$

3.3.2 Ideales Zugfeld

Vor dem Beulen überträgt das Blechfeld nur Schubkräfte auf die Randversteifungen. Nach dem Beulen spannt sich das Feld in Richtung der Wellenfirste. Das führt zu zusätzlichen Beanspruchungen der Randversteifungen. Diese Zusatzspannungen sollen berechnet werden.

Wir betrachten zunächst ein nicht gebeultes Feld. Beim zweiachsigen Spannungszustand lauten die Hauptspannungen

$$\sigma_{1,2} = \frac{\sigma_x + \sigma_y}{2} \pm \sqrt{\left(\frac{\sigma_x - \sigma_y}{2} \right)^2 + 4\tau_{xy}^2}$$

Vor dem Beulen ist $\sigma_x = \sigma_y = 0$

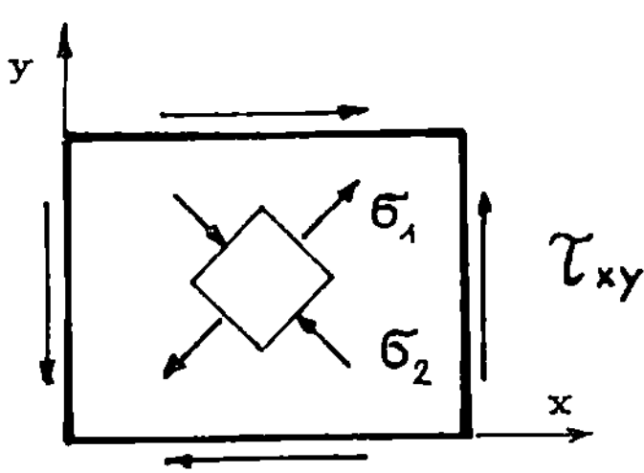

Bild 63   Hauptspannungen

und damit $\quad \sigma_1 = \tau_{xy} \; , \quad \sigma_2 = - \tau_{xy} \; .$

Nach dem Beulen kann in Richtung σ_2 nur noch geringe Druckkraft
übertragen werden, da die Drucksteifigkeit quer zur Wellenrichtung
nur gering ist (Wellblech !). Zum Erkennen der physikalischen Vorgänge
nimmt man nun ein ideales Zugfeld an, in dem man die Spannung $\sigma_2 = 0$
setzt. Man kann sich das so vorstellen, daß in Richtung der Hauptspan-
nung σ_1 Bänder gespannt sind, die nur in dieser Richtung Zugkräfte
übertragen. Dann ändert sich auch σ_1 , und es treten zusätzliche
Spannungen in x- und y-Richtung auf.

Zur Bestimmung dieser Spannungen denken wir uns das Blechfeld einmal
in Richtung der Wellenfirste und einmal quer zu diesen aufgeschnitten.
Wir setzen die Gleichgewichtsbedingungen an und berechnen die Zusatzspannungen. Bild 64 zeigt die Schnitte.

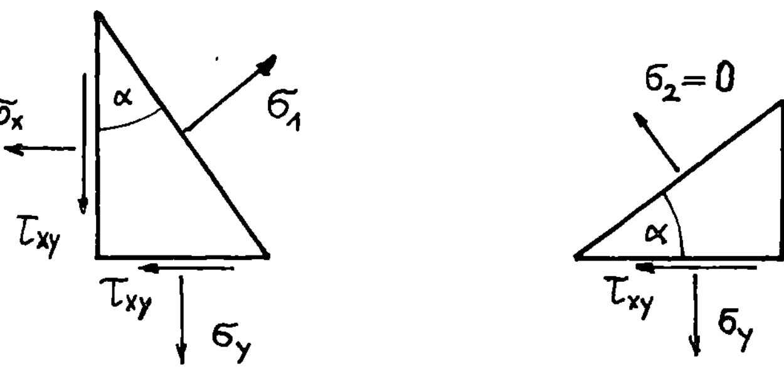

Bild 64   Spannungen im idealen Zugfeld

Im Schnitt der Hauptspannungen ist die Schubspannung gleich Null. Unter
der Annahme, daß auch $\sigma_2 = 0$ ist, liest man aus den Bildern ab

$$(\sigma_1 \; A) \cos\alpha = \sigma_x \, (A \cos\alpha) + \tau_{xy} \, (A \sin\alpha)$$

$$(\sigma_1 \; A) \sin\alpha = \sigma_y \, (A \sin\alpha) + \tau_{xy} \, (A \cos\alpha)$$

$$0 = \sigma_x \, (A \sin\alpha) - \tau_{xy} \, (A \cos\alpha)$$

$$0 = \sigma_y \, (A \cos\alpha) - \tau_{xy} \, (A \sin\alpha)$$

Die Lösung dieses Gleichungssystems lautet

$$\sigma_x = \tau_{xy} \cot\alpha \; , \quad \sigma_y = \tau_{xy} \tan\alpha \; , \quad \sigma_1 = \frac{\tau_{xy}}{\sin\alpha \cos\alpha}$$

Der Faltenwinkel hängt in komplizierter Weise von den Steifigkeiten der
Randgurte des Schubfeldes ab. Versuche zeigen, daß er in der Nähe von

$\alpha \approx 45°$ liegt. Damit erhält man für das ideale Zugfeld als Näherungs-
formeln

$$\sigma_x \approx \tau_{xy} \qquad \sigma_y \approx \tau_{xy} \qquad \sigma_1 \approx 2\,\tau_{xy}$$

3.3.3 Unvollständiges Zugfeld

In Wirklichkeit ist die Annahme $\sigma_2 = 0$ nicht erfüllt. Man hat
eine Mischung aus reinem Zugfeld und schubsteifem Feld, weil die in
der Nähe der Versteifung liegenden und mit diesen vernieteten Teile
des Blechfeldes nicht beulen. Man muß deshalb für σ_x und σ_y Abmin-
derungsfaktoren einführen, die diese Tatsache berücksichtigen und den
Versuchsbedingungen angepaßt sind.
Der Abminderungsfaktor hängt vom Überschreitungsgrad der vorhandenen
Schubspannung über die Beulschubspannung ab und wurde von Kuhn (NACA
TN 1364, 1947) folgendermaßen angegeben

$$k \;=\; \tanh \left(0,5 \; \lg \; \frac{\tau_{xy}}{\tau_B} \right) \tag{3.13}$$

Damit wird

$$\sigma_x = k\,\tau_{xy} \;\;,\;\; \sigma_y = k\,\tau_{xy} \;\;,\;\; \sigma_1 = k \cdot 2\,\tau_{xy}$$

Beanspruchung der Randversteifungen

Die Spannung σ_x bewirkt eine gleichmäßig verteilte Belastung der
linken und der rechten Randversteifung in Bild 61

$$F_x = \sigma_x \, h \, t$$

die je zur Hälfte als Druckkraft durch Ober- und Untergurt geleitet
wird und in den vertikalen Randstäben ein Biegemoment

$$M_b = \frac{F_x \, h}{8} = \frac{\sigma_x \, h^2 t}{8} = \frac{k\,\tau_{xy}\,h^2\,t}{8} \tag{3.14}$$

hervorruft. Nach Bild 61 ist $\tau_{xy} = F_Q/ht$ und damit

$$M_b = k\,\frac{F_Q\,h}{8}$$

Bild 65 zeigt die Schnittgrößen am rechten Randstab.

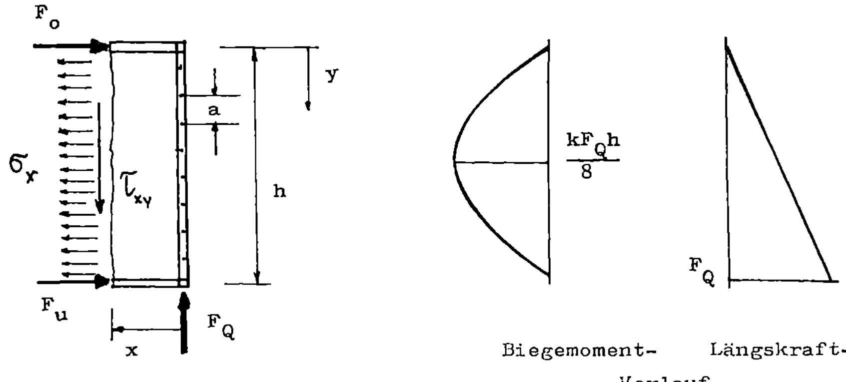

Bild 65   Beanspruchung der Randversteifung

Vor dem Beulen

Längskraft im Vertikalstab $F_L = F_Q \dfrac{y}{h}$ $\sigma_{max} = \dfrac{F_Q}{A}$

Längskraft im Obergurt $F_o = F_Q \dfrac{x}{x}$

Längskraft im Untergurt $F_u = - F_o$

Nietkraft $F_N = F_Q \dfrac{a}{h} = q\,a$

Nach dem Beulen

Biegemoment im Vertikalstab $M_b = k\,F_Q\,h/8$

Längskraft in der Stabmitte
aus Krafteinleitung $F_L = F_Q/2$

Druckkraft aus Abstützung
von σ_y $F_L = \sigma_y\,b\,t/2 = k\,\tau_{xy}\,bt/2$

$\qquad\qquad\qquad = k\,F_Q\,b/2h$

Spannung in der Mitte des Vertikalstabes

$$\sigma = \frac{k\,F_Q\,h/8}{W} + \frac{F_Q/2 + k\,F_Q\,b/2h}{A}$$

Kraft im Obergurt

$$F_o = F_Q \frac{x}{h} + \sigma_x\,ht/2 = F_Q \frac{x}{h} + k\,F_Q/2$$

Der Obergurt wird zusätzlich aus Biegung durch σ_y beansprucht.

Das Biegemomentmaximum liegt zwischen dem Mittelfeldmoment eines Gelenkträgers und dem Randmoment eines starr eingespannten Trägers, je nach der Verbindung des Obergurtes mit den vertikalen Randgurten.

$$\frac{\sigma_y b^2 t}{8} \; \leqq \; M_{b\ max} \; \leqq \; \frac{\sigma_y b^2 t}{12}$$

Nietkraft im Vertikalstab

$$F_N = \sqrt{(\tau_{xy} t a)^2 + (\sigma_x t a)^2} = \tau_{xy}\, t\, a \sqrt{1 + k^2}$$

$$F_N = F_Q \frac{a}{h} \sqrt{1 + k^2}$$

Beispiel

Für den in Bild 66 gezeichneten Schubwandträger aus Aluminium ($E = 7000 \ \mathrm{kN/cm^2}$) berechne man die Spannung in der Mitte des Krafteinleitungsstabes, der aus zwei Winkeln $30 \times 20 \times 4$ besteht.

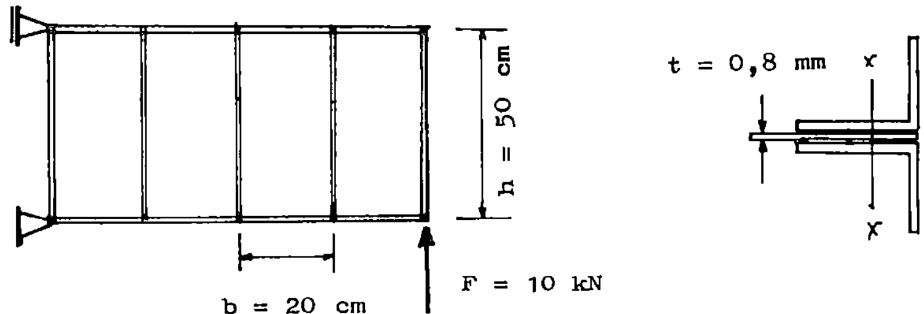

Bild 66   Schubwandträger mit Randversteifung

Aus einer Tabelle entnimmt man für einen Winkel des Krafteinleitungsstabes die Querschnittswerte

$$A = 1,85 \ \mathrm{cm^2} \qquad I_x = 1,59 \ \mathrm{cm^4} \qquad W_{xi} = 0,81 \ \mathrm{cm^3} \qquad W_{xa} = 1,54 \ \mathrm{cm^3}$$

Hauptbelastung (ungebeultes Schubblech)

$$F_L = 0,5 \cdot 10 \ \mathrm{kN} = 5 \ \mathrm{kN}$$

bei Annahme eines linearen Längskraftverlaufs nach Schubfeldschema.

Zugspannung

$$\sigma_L = \frac{F_L}{2A} = \frac{5 \ \mathrm{kN}}{3,70 \ \mathrm{cm^2}} = 1,35 \ \frac{\mathrm{kN}}{\mathrm{cm^2}}$$

Schubfluß im Blechfeld

$$q = \frac{F}{h} = \frac{10 \ kN}{50 \ cm} = 0,2 \ \frac{kN}{cm}$$

Schubspannung

$$\tau = \frac{q}{t} = \frac{0,2 \ kN/cm}{0,08 \ cm} = 2,5 \ \frac{kN}{cm^2}$$

Beulspannung

Eingespannte Ränder $\qquad K = 9,0 + 5,6 \cdot 0,4^2 = 9,9$

Drehbar gelagerte Ränder $\qquad K = 5,34 + 4 \cdot 0,4^2 = 6,0$

Mittelwert $\qquad K = \underline{8}$

$$\tau_B = 0,9 \ K \ E \ \left(\frac{t}{b}\right)^2 = 7,2 \cdot 7000 \ \frac{kN}{cm^2} \cdot \left(\frac{0,08}{20}\right)^2 = 0,81 \ \frac{kN}{cm2}$$

Überschreitungsgrad

$$\frac{\tau_B}{\tau} = \frac{2,5}{0,81} = 3,1$$

Kuhn'scher Abminderungsfaktor

$$k = \tanh(0,5 \ \lg 3,1) = 0,24$$

Längsspannung im Feld infolge Ausbildung der Zugfalten

$$\sigma_x = \sigma_y = k \ \tau = 0,24 \cdot 2,5 \ \frac{kN}{cm^2} = 0,6 \ \frac{kN}{cm^2}$$

Belastung der rechten Randversteifung

$$F_x = \sigma_x \ t \ h = 0,6 \ \frac{kN}{cm^2} \cdot 0,08 \ cm \cdot 50 \ cm = 2,4 \ kN$$

Als Auflager für diese Belastung dienen der obere und der untere Rand-
gurt. Sie werden mit je 1,2 kN Druckkraft belastet.
Die Querbelastung des rechten Randgurtes bedingt ein Biegemoment in der
Mitte von der Größe

$$M_{b \ max} = \frac{F_x \ h}{8} = \frac{2,4 \ kN \cdot 50 \ cm}{8} = 15 \ kN \ cm$$

Die Biegerandspannung beträgt auf der Innenseite (Zug)

$$\sigma_{bi} = \frac{M_{b \ max}}{W_i} = \frac{15 \ kN \ cm}{2 \cdot 0,81 \ cm^3} = 9,26 \ \frac{kN}{cm^2}$$

und auf der Außenseite (Druck)

$$\sigma_{ba} = \frac{M_{b\ max}}{W_a} = \frac{15\ kN\ cm}{2 \cdot 1,54\ cm^3} = 4,87\ \frac{kN}{cm^2}$$

Auch aus der Zusammenziehung in vertikaler Richtung erhält der Kraft-
einleitungsgurt eine Druckspannung.

$$\sigma_L = \frac{\sigma_y\ t\ b\ /\ 2}{2\ A} = \frac{0,6 \cdot 0,08 \cdot 20\ /\ 2}{2 \cdot 1,35}\ \frac{kN}{cm^2} = 0,13\ \frac{kN}{cm^2}$$

Durch Überlagerung der einzelnen Anteile ergibt sich auf der

Innenseite $\qquad \sigma_i = (1,35 + 9,26 - 0,13)\ \frac{kN}{cm^2} = \underline{10,5}\ \frac{kN}{cm^2}$

Außenseite $\qquad \sigma_a = (1,35 - 4,87 - 0,13)\ \frac{kN}{cm^2} = \underline{- 3,7}\ \frac{kN}{cm^2}$

Die Nietkraft wird um den Faktor

$$\sqrt{1 + k^2} = \sqrt{1 + 0,24^2} = 1,03$$

also nur um 3% erhöht.

4. Energiesätze und Verformung

Bei der Belastung eines elastischen Systems verschieben sich die Angriffspunkte der Kräfte. Diese leisten dabei Arbeit. Nach dem Energie-
satz muß diese Arbeit als potentielle Energie (Federenergie) in dem
Sytsem gespeichert sein, wenn nicht ein Teil als Reibungsenergie ver-
loren geht. Durch Gleichsetzen der Arbeiten der äußeren Kräfte und der
inneren Kräfte oder deren Änderung kann man Aussagen über die Verschiebung einzelner Punkte der Konstruktion machen.

4.1 Arbeit der äußeren Kräfte

Die Arbeit einer Kraft F, die im allgemeinen von der Verschiebung ihres
Angriffspunktes abhängig ist (z.B. die Federkraft), ist definiert als

$$W = \int_0^f F(x)\ dx \tag{4.1}$$

Hierin bedeuten F(x) die Kraft, x die Verschiebung des Kraftangriffspunktes in Kraftrichtung und f die Maximalverschiebung, die zu der
Kraft $F_{max} = F$ gehört.

Bei einer elastischen Feder ist häufig die Kraft der Federverlängerung proportional (Bild 67) . Mit der Federkonstante c und dem maximalen Federweg f gilt

$$F(x) = c\,x \qquad\qquad (4.2)$$

und

$$W = \int_0^f c\,x\,dx = \frac{c\,f^2}{2} = \frac{F\,f}{2} \qquad\qquad (4.3)$$

wenn $F_{max} = F = cf$ gesetzt wird.

Die Arbeit , die bei der Verschiebung des eigenen Angriffspunktes geleistet wird, heißt auch <u>Eigenarbeit</u>.

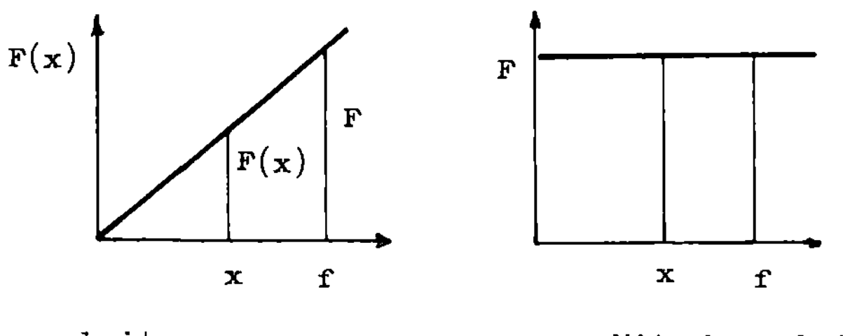

Bild 67   Arbeit bei der Verschiebung eines Kraftangriffspunktes

Wird beim Aufbringen einer Kraft eine andere Kraft, die schon an der Feder hängt oder auf dem Balken sitzt, in deren Richtung verschoben, so bleibt diese während der Verschiebung ihres Angriffspunktes konstant. Bei der Integration nach Gl.(4.3) kann sie vor das Integral gezogen werden, und man erhält für die <u>Mitnahmearbeit</u> oder Verschiebungsarbeit

$$W = F\,f \qquad\qquad F = \text{konstant} \qquad\qquad (4.4)$$

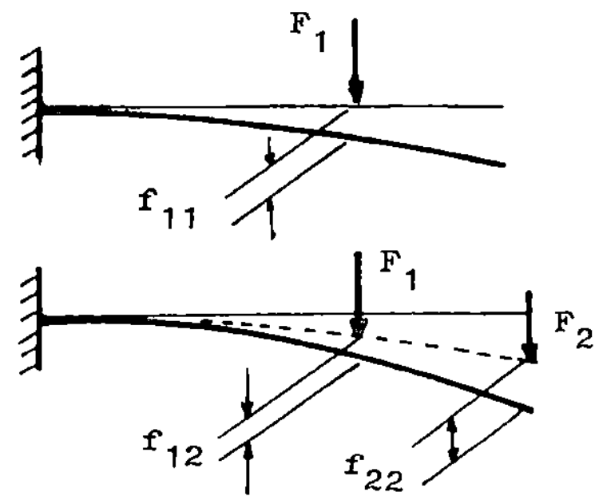

Bild 68   Kraft und Verschiebung

Betrachten wir einen Biegestab, der die Kraft F_1 trägt (Bild 68). Beim Aufbringen dieser Kraft wurde eine Arbeit bei der Verschiebung des Kraftangriffspunktes verrichtet, die nach Gl.(4.3) berechnet werden muß, weil sich die Kraft beim Aufbringen von Null auf ihren Größtwert F_1 vergrößert hat.

$$W_1 = \frac{1}{2}\,F_1\,f_{11}$$

f_{11} ist die Verschiebung des Angriffspunktes der Kraft F_1 infolge der Kraft F_1 . Setzt man nun die Kraft F_2 auf diesen vorgebogenen Balken, wobei sie von Null auf ihren Größtwert F_2 anwächst, so vollbringt sie eine Arbeit bei der Verschiebung ihres eigenen Angriffspunktes und verschiebt außerdem den Angriffspunkt der Kraft F_1 um f_{12} . Dabei bleibt F_1 konstant. Beim Aufsetzen der Kraft F_2 wird also Eigenarbeit und Mitnahmearbeit geleistet.

$$W_2 = \frac{1}{2} F_2 \, f_{22} + F_1 \, f_{12}$$

Die Gesamtarbeit der Kräfte F_1 und F_2 beträgt also

$$W = W_1 + W_2 = \frac{1}{2} F_1 \, f_{11} + \frac{1}{2} F_2 \, f_{22} + F_1 \, f_{12} \tag{4.5}$$

Hier wird immer vorausgesetzt, daß die Kräfte "langsam" aufgebracht werden. Nur dann kann man das Problem als statisch ansehen. Bei stoßartigen Kräften entsteht eine Schwingung, die hier nicht behandelt wird. Auflagerkräfte leisten keine Arbeit, wenn die Auflager unverschieblich sind oder die Verschiebung nur senkrecht zur Kraftrichtung möglich ist.

Für Momente gilt eine ähnliche Arbeitsdefinition wie für Kräfte. Die zugehörige Verschiebungsgröße ist der Verdrehwinkel des Momentangriffspunktes in der Drehrichtung des Momentes (Bild 69).

$$W = \int_0^\alpha M(\varphi) \, d\varphi \tag{4.6}$$

Wir wollen beide Größen gleich behandeln und von Kraftgrößen und Verschiebungsgrößen reden, wenn wir wahlweise die eine oder die andere der Größen meinen.

Es wird angenommen, daß die Kraftgrößen bei der Verschiebung ihrer Angriffspunkte ihre Richtung nicht ändern. Diese Annahme ist insofern berechtigt, als die Verformungen realer Bauteile klein gegen ihre Abmessungen sein müssen, weil sonst die Spannung zu groß wird oder die Funktionsfähigkeit beeinträchtigt ist. In den Bildern läßt sich jedoch wegen der besseren Lesbarkeit eine übertriebene Darstellung der Verformungen nicht vermeiden.

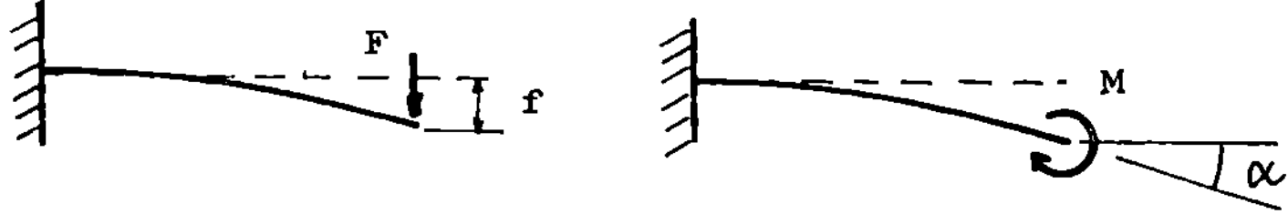

Bild 69   Verschiebung der Angriffspunkte von Kraftgrößen

4.2 Formänderungsarbeit

Die in einem Bauteil gespeicherte potentielle Energie (Arbeit der inneren Kräfte, Formänderungsarbeit) soll durch die Schnittgrößen ausgedrückt werden. Dazu denkt man sich aus dem Bauteil ein Element herausgeschnitten, in dem näherungsweise die Spannung konstant ist, berechnet für dieses Element des Bauteils die gespeicherte Formänderungsarbeit und summiert dann über alle Elemente des Bauteils.
Wir setzen wieder voraus, daß das Hooke'sche Gesetz gilt und daß Reibungsverluste nicht auftreten.

4.2.1 Zugstab

In einem Zugstab wird ein einachsiger Spannungszustand vorausgesetzt. Der Stab werde in x-Richtung gezogen. Bild 70 zeigt ein Element dieses Stabes.

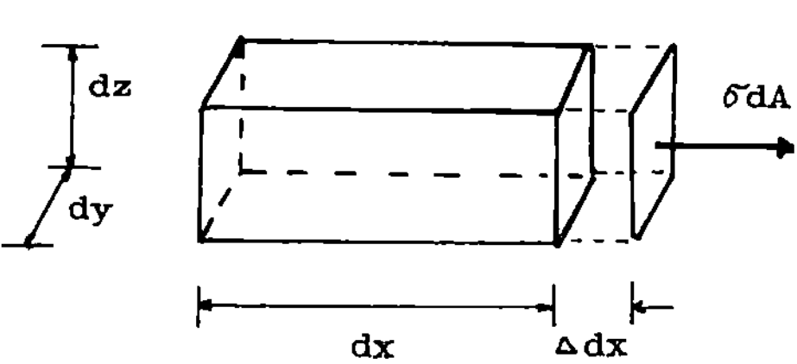

Bild 70   Stabverlängerung

Die zur Verlängerung des Stabelementes um Δdx erforderliche Kraft beträgt

$$F = \sigma\, dA = \sigma\; dy\; dz$$

Da die Kraft während des Dehnungsvorganges von Null linear auf diesen Betrag angewachsen ist, gilt für die gespeicherte Arbeit nach Gl.(4.3)

$$dW = \frac{1}{2}\, F\; \Delta dx = \frac{1}{2}\, \sigma\, dy\; dz\; \Delta dx$$

Wir drücken nun die Verlängerung Δdx durch die Dehnung aus und erhalten mit $\varepsilon = \Delta(dx)/(dx)$

$$dW = \frac{1}{2}\, \sigma\, \varepsilon\, dx\; dy\; dz \tag{4.7}$$

für die im Volumenelement dV = dx dy dz gespeicherte elastische Energie. Häufig wird Gl.(4.7) wegen des Hooke'schen Gesetzes $\sigma = E\,\varepsilon$ auch in der Form

$$dW = \frac{\sigma^2}{2\,E}\, dV \tag{4.8}$$

geschrieben. Die im gesamten Stab gespeicherte Energie ergibt sich durch Integration (Summation) der Energien aller Volumenelemente.

$$W = \frac{1}{2\,E} \int \sigma^2 \, dV = \frac{1}{2\,E} \iiint \sigma^2 \, dx \, dy \, dz \qquad (4.10)$$

Im Zugstab und im Druckstab mit konstantem Querschnitt und konstanter Längskraft ist die Spannung im Querschnitt und über der Länge konstant und kann durch die Längskraft ausgedrückt werden.

$$\sigma = \frac{F_L}{A}$$

Setzt man diesen Ausdruck in Gl.(4.9) ein und zieht die konstanten Größen vor das Integralzeichen, so bleibt die Integration über alle Volumenelemente, die das Volumen $V = 1\,A$ ergibt $(A = $ Querschnittsfläche, $1 = $ Länge) .

$$W = \frac{1}{2\,E} \left(\frac{F_L}{A} \right)^2 \cdot 1\,A = \frac{F_L^2\;1}{2\;EA} \qquad (4.11)$$

Bei veränderlichem Querschnitt bleibt die Fläche A unter dem Integral stehen, das gegebenenfalls numerisch ausgewertet werden muß.

<u>Zugstab mit veränderlicher Längskraft</u>

Bei Einleitung eines konstanten Schubflusses in einen Stab verläuft dessen Längskraft linear (s.Abschn. 2.1.2).

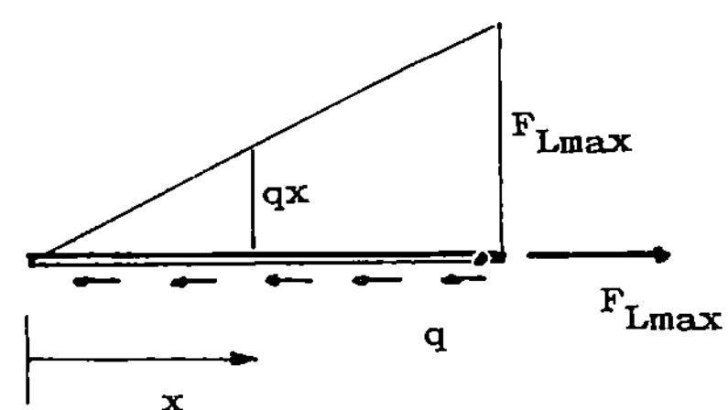

Bild 71　Längskraftverteilung
bei Einleitung eines
konstanten Schubflusses

$$F_L = q\,x$$

$$F_{L\,max} = q\,1$$

Wir setzen

$$\sigma(x) = \frac{F_L(x)}{A} = \frac{q\,x}{A}$$

in Gl.(4.10) ein und führen die Integration aus. Dabei ist zu beachten, daß sich die Spannung in den Richtungen y und z nicht ändert. Sie kann also vor das Integral für diese Richtungen gezogen werden und mit

$$\iint dy \, dz = A$$

erstreckt sich die Integration dann nur noch über die x-Richtung.

$$W = \frac{1}{2\,E} \iiint \sigma^2 \, dx \, dy \, dz = \frac{1}{2\,E} \left[\iint dy \, dz \right] \int_0^{\ell} \left(\frac{q\,x}{A} \right)^2 dx$$

$$W = \frac{q^2\,1^3}{6\,EA} = \frac{F_{L\,max}\,1}{6\,EA} \qquad\qquad (4.12)$$

4.2.2 Biegestab

Im Biegestab ist bei Annahme des Ebenbleibens der Querschnitte bei der
Biegung die Spannung linear im Querschnitt verteilt. Wir setzen voraus,
daß y und z die Hauptachsen des Querschnittes sind und daß die Belastung in Komponenten parallel zu diesen Hauptachsen zerlegt ist.
Dann hängt die Biegespannung nach folgender Gleichung von den Koordinaten ab

$$\sigma = - \frac{M_y}{I_y} z + \frac{M_z}{I_z} y \qquad\qquad (4.13)$$

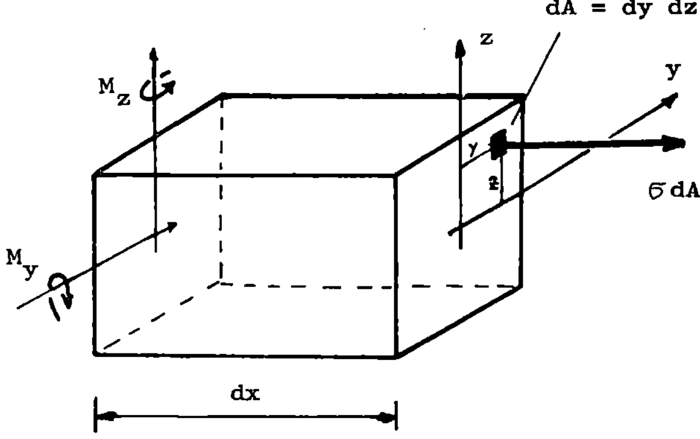

Bild 72   Biegestabelement

Die Spannung aus Gl.(4.13) wird in Gl.(4.10) eingesetzt. Da die Biegemomente M_y und M_z sowie die Flächenträgheitsmomente I_y und I_z Größen sind, die für den ganzen Querschnitt definiert sind, hängen sie
nicht von den Koordinaten y und z ab. Dadurch kann die Integration
über x von den Integrationen über y und z getrennt werden.
Dabei treten folgende Ausdrücke auf, die hier vorweg notiert werden.

$$\iint dy \, dz = A$$

$$\iint z^2 \, dy \, dz = I_y \qquad\qquad \iint y^2 \, dy \, dz = I_z$$

$$\iint yz \, dy \, dz = I_{yz} = 0 \qquad \text{im Hauptachsensystem}$$

Wir nehmen vorübergehend den Faktor $2E$ auf die linke Seite der Gleichung und erhalten

$$2EW = \int\left[\iint \left\{-\frac{M_y}{I_y}\,z + \frac{M_z}{I_z}\,y\right\}^2 dy\,dz\right] dx$$

$$= \int_0^l \left(\frac{M_y}{I_y}\right)^2 \left[\iint z^2 \, dy \, dz\right] dx$$

$$+ 2\int_0^l \frac{M_y M_z}{I_y I_z}\left[\iint y\,z\,dy\,dz\right] dx$$

$$+ \int_0^l \left(\frac{M_z}{I_z}\right)^2 \left[\iint y^2 \, dy \, dz\right] dx$$

Mit den oben angegebenen Ausdrücken vereinfacht sich die Gleichung zu

$$W = \frac{1}{2E}\left[\int_0^l \frac{M_y^2}{I_y}\,dx + \int_0^l \frac{M_z^2}{I_z}\,dx\right] \tag{4.14}$$

Wenn der Querschnitt des Biegestabes konstant ist, kann man die Trägheitsmomente aus den Integralen herausziehen, und es bleibt

$$W = \frac{1}{2EI_y}\int_0^l M_y^2\,dx + \frac{1}{2EI_z}\int_0^l M_z^2\,dx \tag{4.15}$$

Biegung und Längskraft

Wenn linear verteilt Spannung aus Biegung und konstante Spannung aus Längskraft überlagert werden, dann kann man die Formänderungsarbeiten getrennt rechnen und dann überlagern. Zum Nachweis beschränken wir uns auf Biegemomente um die y-Achse und setzen

$$\sigma = -\frac{M_y}{I_y}\,z + \frac{F_L}{A}$$

in Gl.(4.10) ein.

$$2EW = \iiint \left(-\frac{M_y}{I_y}\,z + \frac{F_L}{A}\right)^2 dx\,dy\,dz$$

$$2E\,W = \int_0^{\ell} \left(\frac{M_y}{I_y}\right)^2 \left[\iint z^2 \, dy \, dz\right] dx$$

$$- \int_0^{\ell} \frac{M_y}{I_y}\frac{F_L}{A} \left[\iint z \, dy \, dz\right] dx$$

$$+ \int_0^{\ell} \left(\frac{F_L}{A}\right)^2 \left[\iint dy \, dz\right] dx$$

Im ersten Integral ist das innere Integral gleich I_y , im dritten Summanden ist das Integral gleich dem Volumen $V = 1\,A$ und im mittleren Summanden ist das Integral gleich Null, weil es das statische Moment der Querschnittsfläche bezüglich der y-Achse ist, die Hauptachse durch den Schwerpunkt der Fläche ist. Es bleibt

$$W = \frac{1}{2\,E}\int_0^{\ell}\frac{M_y^2}{I_y}\,dx + \frac{F_L^2}{2}\frac{1}{EA} \tag{4.16}$$

4.2.3 Schubarbeit

Das nebenstehend gezeichnete Element
mit der Dicke dz sei in der x-y-
Ebene durch Schubkräfte belastet.
Der Schiebewinkel γ ist klein, so
daß die Richtung von τ bei der Ver-
formung praktisch erhalten bleibt.
Denken wir uns die linke Kante des
Elementes festgehalten, so verschiebt
sich die rechte Kante parallel zur
Kraftrichtung und die Unter- und

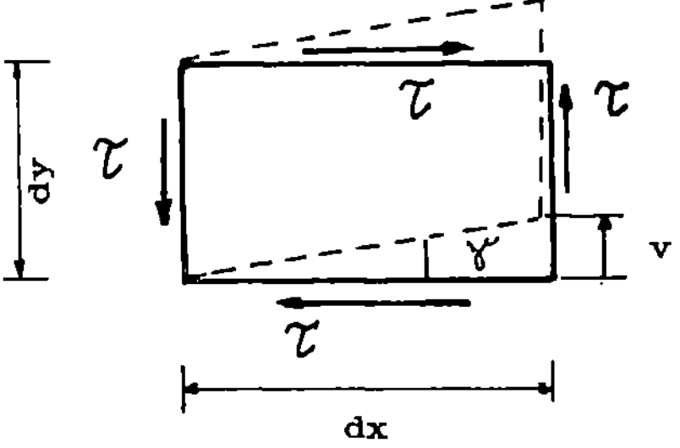

Bild 73   Schubfeld-
element

Oberkante senkrecht zu den Randkräften. Nur die rechte Kante des Elementes liefert einen Beitrag zur Formänderungsarbeit.

Kraft im endgültigen Deformationszustand $\qquad \Delta F = \tau\,dy\,dz$

Verschiebung im endgültigen Zustand $\qquad v = \gamma\,dx$

Wegen des linearen Zusammenhanges zwischen Kraft und Verschiebung nach dem Hooke'schen Gesetz $\tau = G\gamma$ ist die im Element gespeicherte Schubarbeit

$$W = \frac{1}{2}\,\Delta F\,v = \frac{1}{2}\,\tau\,dy\,dz\cdot\gamma\,dx = \frac{\tau^2}{2\,G}\,dx\,dy\,dz \tag{4.17}$$

Im gesamten Bauteil erhält man die Schubarbeit aus der Summation (Integration) über alle Elemente.

$$W = \frac{1}{2\,G} \iiint \tau^2 \; dx \; dy \; dz \tag{4.18}$$

In einem <u>Schubblech mit konstanter Schubspannung</u> , das die Breite b , die Höhe h und die Dicke t hat, kann die Spannung vor das Integralzeichen gezogen werden. Die Integration ergibt das Volumen.

$$W = \frac{\tau^2}{2} \frac{b\;h\;t}{G} = \frac{q^2 b\;h}{2\;G\;t} \tag{4.19}$$

<u>Querkraftschub bei Biegung</u>

Die Schubspannung beträgt nach Gl.(2.1)

$$\tau = \frac{F_Q(x)\;S_y(z)}{I_y(x)\;t(z)}$$

wenn man sich auf die Biegung um eine Hauptachse beschränkt. Setzt man diesen Ausdruck in Gl.(4.18) ein

$$W = \frac{1}{2G} \iiint \frac{F_Q^2(x)\;S_y^2(z)}{I_y^2(x)\;t^2(z)} \; dx \; dy \; dz$$

so kann man wegen der verschiedenen Abhängigkeiten der einzelnen Faktoren des Integranden die Integration über die einzelnen Koordinaten getrennt durchführen und das Integral auf die Form der Gl.(4.11) bringen.

$$W = \frac{1}{2G} \int \frac{F_Q^2(x)}{I_y^2(x)} \int \left[\frac{S_y^2(z)}{t^2(z)} \int dy \right] dz \; dx$$

Setzt man konstanten Querschnitt des Balkens voraus und definiert den Formfaktor

$$\varkappa = \frac{A}{I_y^2} \int \frac{S_y^2(z)}{t(z)} \; dz \tag{4.20}$$

so ergibt sich mit $\int dy = t(z)$ für die Formänderungsarbeit der Ausdruck

$$W = \frac{\varkappa}{2GA} \int F_Q^2 \; dx \tag{4.21}$$

Für einen Balken mit Rechteckquerschnitt ist $t(z) = b$, $I_y = bh^3/12$ und

$$S_y(z) = \frac{b}{2} \left(\frac{h^2}{4} - z^2 \right)$$

Aus Gl.(4.20) ergibt sich $\varkappa = 1{,}2$ für den Rechteckquerschnitt. Für andere Querschnitte findet man die Formfaktoren in den Tabellenbüchern.

Torsionsschub in dünnwandigen Röhren

Wir ersetzen die Schubspannung durch den im Querschnitt konstanten
Schubfluß und erhalten mit $dV = dA\,dx = t\,du\,dx$

$$W = \frac{1}{2G} \int \tau^2\,dV = \frac{1}{2G} \int_0^\ell q^2 \left[\oint \frac{t\,du}{t^2} \right] dx$$

Drücken wir nun den Schubfluß q nach der ersten Bredt'schen Formel
Gl.(2.25) durch das Drillmoment M_t aus und benutzen die Gl.(2.33) für
die Torsionssteifigkeit I_t, so ergibt sich schließlich

$$W = \frac{1}{2G} \int_0^\ell q^2 \left[\oint \frac{du}{t} \right] dx = \frac{1}{2G} \int_0^\ell M_t^2\ \frac{\oint \frac{du}{t}}{4\,A_u^2}$$

$$W = \frac{1}{2G} \int_0^\ell \frac{M_t^2}{I_t}\,dx \tag{4.22}$$

Bei konstantem Querschnitt kann auch I_t vor das Integralzeichen gezogen werden (vgl. Gl.(4.14) und (4.15)).
Beim Zusammentreffen mehrerer Beanspruchungsarten können die Formänderungsarbeiten der einzelnen Arten für sich gerechnet und überlagert
werden. Der Beweis verläuft wie bei Biegung und Längskraft auf S.94.

4.3 Verschiebungen

4.3.1 Einflußzahlen und Satz von Betti

An einem Biegeträger mit zwei Kräften werden Zusammenhänge zwischen
Kräften und Verschiebungen exemplarisch gezeigt. Für mehrere Kräfte und
auch für Momente verläuft die Herleitung in gleicher Weise.
Unter dem Zusammenwirken der beiden Kräfte F_1 und F_2 hat sich ein
Verschiebungszustand eingestellt, der an der Stelle 1 die Verschiebung
f_1 und an der Stelle 2 die Verschiebung f_2 zeigt (Bild 74). Wegen der
Proportionalität der Kraftgrößen und der Verschiebungsgrößen im elastischen Bereich können die Verschiebungen f_1 und f_2 aus den Verschiebungen infolge der Wirkungen der Einzelkräfte überlagert werden.

$$f_1 = f_{11} + f_{12} \qquad\qquad f_2 = f_{21} + f_{22} \tag{4.23}$$

Hierin bedeuten die f_{ik} die Verschiebungen der Stellen i infolge der
Kräfte an den Stellen k . Zu dem im Bild gezeigten Belastungsfall kann
man die f_{ik} aus einer Formelsammlung entnehmen. Im allgemeinen Fall ist
das hier hergeleitete Energieverfahren vorteilhaft.

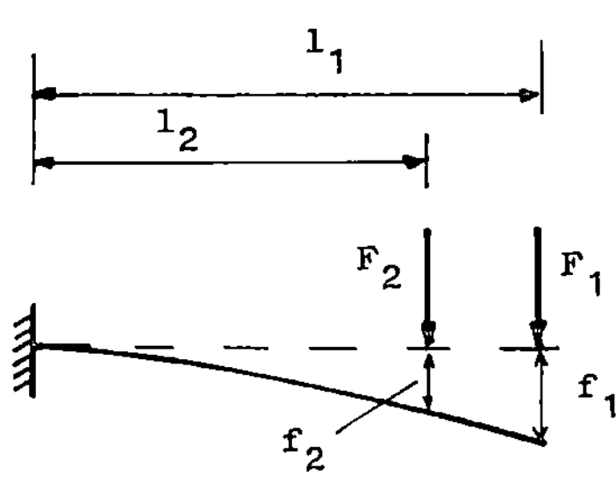

$$f_{11} = \frac{l_1^3}{3EI}\, F_1$$

$$f_{12} = \frac{l_2^2\,(3\,l_1 - l_2)}{6EI}\, F_2$$

$$f_{21} = \frac{l_2^2\,(3\,l_1 - l_2)}{6EI}\, F_1 \qquad (4.24)$$

$$f_{22} = \frac{l_2^3}{3EI}\, F_2$$

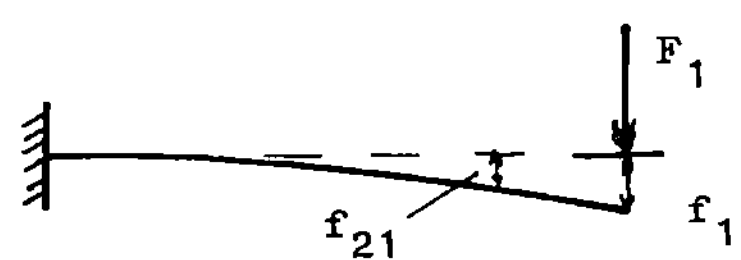

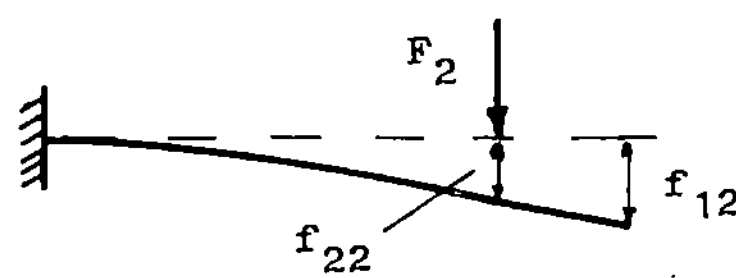

Bild 74   Verschiebungen

Die Faktoren, mit denen die Kräfte hier multipliziert werden, sind nur von der Geometrie und vom Werkstoff des Balkens abhängig. Sie geben den Einfluß wieder, den die Kräfte auf die Verschiebungen haben. Man nennt sie deshalb __Einflußzahlen__ und schreibt allgemeiner

$$f_{ik} = \delta_{ik}\, F_k$$

Damit lautet Gl.(4.23)

$$f_1 = \delta_{11}\, F_1 + \delta_{12}\, F_2$$

$$f_2 = \delta_{21}\, F_1 + \delta_{22}\, F_2 \qquad (4.25)$$

Anstelle der Kräfte können auch Momente und anstelle der Verschiebungen dann die entsprechenden Neigungswinkel benutzt werden. Wir fassen wieder beide unter den Bezeichnungen Kraftgrößen und Verschiebungsgrößen zusammen.

__Satz von Betti__

Man erkennt aus Gl.(4.24), daß $\delta_{12} = \delta_{21}$ ist. Die Durchbiegung des Balkens an der Stelle 1 infolge einer Kraft $F_2 = 1$ kN ist also genau so groß, wie die Durchbiegung des Balkens an der Stelle 2 infolge einer Kraft $F_1 = 1$ kN. Wir wollen mit Hilfe der Arbeitsgleichung beweisen, daß auch für andere Belastungen $\delta_{ik} = \delta_{ki}$ gilt.

Wir bringen die Kräfte in der Reihenfolge F_1 und F_2 auf. Dann ist nach

Gl(4.5) die dabei geleistete Arbeit

$$W = \frac{1}{2} F_1 f_{11} + \frac{1}{2} F_2 f_{22} + F_1 f_{12}$$

$$= \frac{1}{2} F_1^2 \delta_{11} + \frac{1}{2} F_2^2 \delta_{22} + F_1 F_2 \delta_{12} \qquad (4.26)$$

Ändern wir die Reihenfolge der Kräfte beim Belasten des Balkens, so ergibt sich aus Gl.(4.26) durch Vertauschen der Indices 1 und 2

$$W = \frac{1}{2} F_2^2 \delta_{22} + \frac{1}{2} F_1^2 \delta_{11} + F_2 F_1 \delta_{21} \qquad (4.27)$$

Da die gespeicherte Energie im Endzustand nicht davon abhängen kann, in welcher Reihenfolge die Kräfte auf den Balken gebracht wurden und die gespeicherte Energie gleich der Arbeit der äußeren Kräfte ist, liest man beim Vergleich der Gl.(4.26) und (4.27) ab, daß die Summanden mit den gemischten Indices gleich groß sein müssen, daß also

$$\delta_{12} = \delta_{21}$$

ist. Diese Überlegungen kann man in gleicher Weise bei Hinzunahme einer dritten, dann einer vierten, fünften usw. Kraftgröße anstellen. Es gilt allgemein

$$\delta_{ik} = \delta_{ki} \qquad (4.28)$$

Diese Beziehung werden wir im nächsten Abschnitt benutzen.

4.3.2 Verschiebung der Kraftangriffspunkte

Die Verschiebung der Kraftangriffspunkte soll mit Hilfe der Arbeit bestimmt werden. Wir fragen zunächst nach der Änderung der Arbeit, wenn man an dem in Bild 74 gezeigten Balken eine der Kräfte, z.B. F_1 um den kleinen Betrag ΔF_1 ändert. Beim Aufbringen dieser Zusatzkraft verschieben sich die Kraftangriffspunkte um die kleinen Beträge Δf_1 und Δf_2 . Die dadurch verrichtete Arbeit setzt sich aus der Eigenarbeit der Kraft ΔF_1 und der Mitnahmearbeit der Kräfte F_1 und F_2 zusammen.

$$\Delta W = \frac{1}{2} \Delta F_1 \cdot \Delta f_1 + F_1 \cdot \Delta f_1 + F_2 \cdot \Delta f_2$$

Führt man die Einflußzahlen δ_{ik} ein, so ergibt sich

$$\Delta W = \frac{1}{2} \, F_1 \, \Delta F_1 \, \delta_{11} + F_1 \, \Delta F_1 \, \delta_{11} + F_2 \, \Delta F_1 \, \delta_{21}$$

$$= \Delta F_1 \, (\frac{1}{2} \, \Delta F_1 \, \delta_{11} + F_1 \, \delta_{11} + F_2 \, \delta_{21})$$

Wir dividieren diesen Ausdruck durch ΔF_1 und lassen dann ΔF_1 gegen Null gehen, womit der ursprüngliche Belastungszustand wieder hergestellt ist.

$$\lim_{\Delta F_1 \to 0} \frac{\Delta W}{\Delta F_1} = \frac{\partial W}{\partial F_1} = F_1 \, \delta_{11} + F_2 \, \delta_{21}$$

Da wegen des Satzes von Betti $\delta_{21} = \delta_{12}$ ist, kann man die Gleichung auch in der Form von Gl.(4.25) schreiben.

$$\frac{\partial W}{\partial F_1} = F_1 \, \delta_{11} + F_2 \, \delta_{12} = f_{11} + f_{12} = f_1$$

Die partielle Ableitung der Arbeit der äußeren Kräfte nach der Kraft F_1 ist gleich der Verschiebung des Kraftangriffspunktes in Kraftrichtung. Dasselbe gilt auch für Kraft und Verschiebung an der Stelle 2 . Die Überlegungen ändern sich auch nicht, wenn man allgemein anstatt zweier Kräfte n Kräfte auf den Balken gesetzt hätte und die Kraft F_k um ΔF_k geändert hätte. Deshalb gilt allgemein

$$\frac{\partial W}{\partial F_k} = f_k \tag{4.29}$$

Da die Arbeit der äußeren Kräfte gleich der Arbeit der inneren Kräfte (Formänderungsarbeit) ist, kann man in Gl.(4.29) das Formelzeichen W auch für die Formänderungsarbeit lesen und den <u>Satz von Castigliano</u> formulieren :

Die partielle Ableitung der Formänderungsarbeit nach einer Kraft ist gleich der Verschiebung des Kraftangriffspunktes in Kraftrichtung.

Eine ähnliche Gleichung gilt für äußere Momente und Neigungswinkel des Momentangriffspunktes.

$$\frac{\partial W}{\partial M_k} = \alpha_k \tag{4.30}$$

<u>Beispiel</u>

Die Absenkung des Endes eines einseitig eingespannten Balkens mit
einer Einzelkraft nach Bild 75 soll
berechnet werden.
Bei einer Einzelkraft können die
Arbeiten der äußeren und der inneren Kräfte direkt gleichgesetzt
werden. Bei dem Balken in Bild 75
gezeichneten Balken ist bei geeig-
neter Vorzeichenwahl

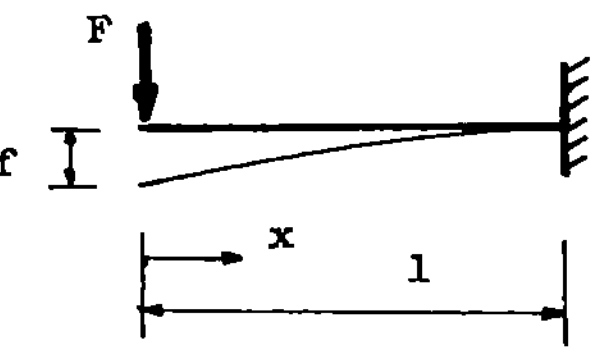

Bild 75

Balken mit Einzelkraft

$$M_b = F\,x \qquad\qquad F_Q = F$$

Bei konstantem Querschnitt erhält man mit Gl.(4.15) und (4.21) wegen

$$\int_0^{\ell} M_b^2(x)\ dx = \int_0^{\ell} (F\,x)^2\ dx = \frac{F^2\,1^3}{3}$$

$$\frac{F\,f}{2} = \frac{F^2\,1^3}{6EI} + \frac{\varkappa}{2GA}\,F^2\,1$$

$$f = \frac{F\,1^3}{3\,EI} + \varkappa\,\frac{F\,1}{GA} \qquad\qquad\qquad (4.31)$$

Der Schubanteil der Querkraft wird bei Biegestäben im allgemeinen vernachlässigt. Wir wollen für einen Rechteckbalken die Bedingung prüfen,
unter der bei einem Fehler von weniger als 1% die Schubarbeit vernachlässigt werden darf.

Rechteckbalken   Breite b   Höhe h   Länge 1

$$A = b\,h \qquad\qquad I = bh^3/12 \qquad \varkappa = 1,2$$

$$f = \frac{4\,F\,1^3}{E\,bh^3} + \frac{1,2\,F\,1}{G\,bh} = \frac{4\,F\,1^3}{E\,bh^3}\left(1 + 1,2\,\frac{E}{G}\,\frac{h^2}{1^2}\right)$$

Der zweite Term kann gegen den ersten vernachlässigt werden, wenn

$$1,2\,\frac{E}{G}\cdot\frac{h^2}{1^2} < 0,01$$

ist. Mit $1,2\ E/G = 3,12$ erhält man als Bedingung

$$\frac{h}{1} < 0,06$$

Berichtigung zu

Dreyer, Leichtbaustatik   (ISBN 3-519-02951-0)

Seite	Zeile	nicht:	sondern:
20	1 v.o.	... oberen	... unteren
20	2 v.o.	... unteren	... oberen
26	3 v.o.	$F_{32} = 11,90$ kN	$F_{31} = 8,93$ kN
26	4 v.o.	$F_{42} = 8,93$ kN	$F_{41} = 11,90$ kN
26	7 v.o.	F_{21}	F_{12}
26	12 v.o.	F_{21}	F_{12}
26	14 v.o.	11,90	8,93
26	14 v.o.	15,23	12,26
26	15 v.o.	8,93	11,90
26	15 v.o.	5,60	8,57
37	Bild 31	u	Δu
43	12 v.o.	0,9045	0,0945
44	4 v.o.	0,0470	0,0740
44	5 v.o.	4,6 ... 0,00046	7,9 ... 0,00079
44	5 v.o.	0,026	0,045
47	3 v.o.	$I = r^3 \underline{t}$	$I = \pi\, r^3 \underline{t}$
50	4 v.o.	(2.51)	keine Gleichungsnummer
50	6 v.o.	(2.52)	(2.51)
50	14 v.o.	(2.53)	keine Gleichungsnummer
51	8 v.o.	(2.51)	keine Gleichungsnummer
51	3 v.u.	(2.50)	(2.51)
55	3 v.u.	40^2	20^2
65	19 v.o.	$\dfrac{q_1}{2\ l} = \dfrac{M_t}{2\ bh\ l}$	$\dfrac{q_1\ l}{2} = \dfrac{M_t\ l}{2\ bh}$
66	13 v.o.	q_t/l	$q_t\ l$
81	2 v.u.	$4\,\tau_{xy}^2$	τ_{xy}^2
92	2 v.o.	$\dfrac{F_{L\ max}\ l}{6\ EA}$	$\dfrac{F_{L\ max}^2\ l}{6\ EA}$
99	2 v.o.	$\frac{1}{2}\,F_1\,\Delta F_1\,\delta_{11}$	$\frac{1}{2}\,\Delta F_1\,\Delta F_1\,\delta_{11}$
105	Bild 78	Stabnummern eintragen : oben 1 , unten 2	
105	2 v.u.	l_2	l_1
111	3 v.o.	2,40 cm	2,73 cm
120	4 v.u.	- 15,635	- 15,625

Beispiel

Durchbiegung und Neigung eines durch
eine Einzelkraft und durch ein Ein-
zelmoment am Ende belasteten Krag-
balkens mit konstantem Querschnitt
sind zu bestimmen.
Bei zwei Kraftgrößen ist der direkte
Vergleich der Arbeiten nicht möglich.
Wir benutzen deshalb Gl.(4.29) und
(4.30).
Bei Vernachlässigung der Schubarbeit
wird nur die Formänderungsarbeit aus
dem Biegemoment

$$M_b = f x + M$$

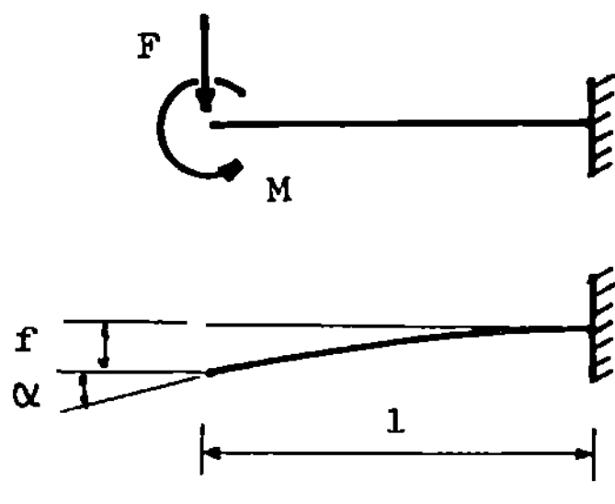

Bild 76

Balken mit Einzelkraft
und Moment

berücksichtigt.

$$W = \frac{1}{2EI} \int_0^\ell M_b^2 \, dx = \frac{1}{2EI} \int_0^\ell (F x + M)^2 \, dx$$

$$= \frac{1}{2EI} \left(\frac{F^2 l^3}{3} + F M l^2 + M^2 l \right)$$

Durchbiegung des Endes

$$f = \frac{\partial W}{\partial F} = \frac{1}{2EI} \left(2 \frac{F l^3}{3} + M l^2 \right) = \frac{F l^3}{3 \, EI} + \frac{M l^2}{2 \, EI}$$

$$\alpha = \frac{\partial W}{\partial M} = \frac{1}{2EI} (F l^2 + 2 M l) = \frac{F l^2}{2 \, EI} + \frac{M l}{EI}$$

4.3.3 Verschiebung beliebiger Punkte

Häufig tritt der Fall auf, daß man die Durchbiegung , Verschiebung oder
Neigung eines Punktes der Konstruktion wissen möchte, an dem keine äußere Kraftgröße angreift. Man führt diesen Fall auf den vorigen zurück,
indem man an dieser Stelle eine angenommene F_a oder M_a ansetzt, die
Formänderungsarbeit infolge der Belastung einschließlich der angenommenen Kraftgröße berechnet, die Ableitung nach der angenommenen Kraftgröße bildet und am Schluß den Grenzwert $F_a \to 0$ oder $M_a \to 0$ bildet.
Dadurch ist der ursprüngliche Belastungszustand wieder hergestellt.

$$W = W (F_1, F_2, \ldots , F_n, F_a, M_a)$$

$$f_a = \lim_{F_a \to 0} \frac{\partial W}{\partial F_a} \qquad \alpha_a = \lim_{M_a \to 0} \frac{\partial W}{\partial M_a} \qquad (4.32)$$

Beispiel

Gesucht wird die Neigung am Auflager eines Balkens auf zwei Stützen mit konstanter Streckenlast und konstantem Querschnitt.

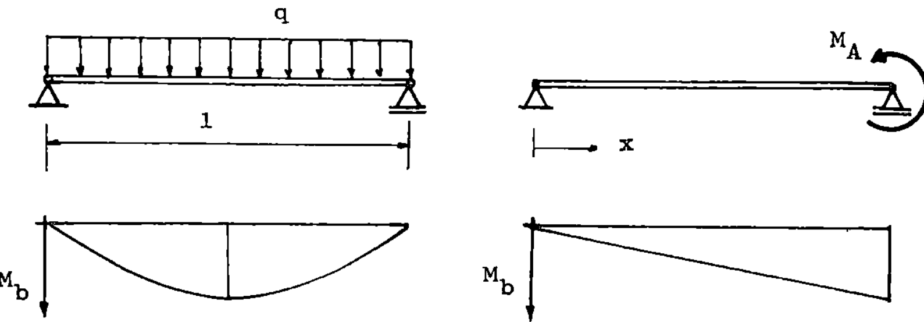

Bild 77   Balken auf zwei Stützen mit Streckenlast

Biegemomente

$$M_{b0} = \frac{q}{2} (1 x - x^2) \qquad M_{b1} = M_a \frac{x}{1}$$

Bei Beschränkung auf die Biegearbeit ist

$$W = \frac{1}{2EI} \int_0^\ell (M_{b0} + M_{b1})^2 \, dx = \frac{1}{2EI} \int_0^\ell \left[\frac{q}{2} (1 x - x^2) + M_a \frac{x}{1} \right]^2 dx$$

Der Integrand kann ausmultipliziert werden. Dann wird jeder Summand einzeln integriert. Man erhält

$$W = \frac{1}{2EI} \left(\frac{q^2 1^5}{120} + M_a q \frac{1^3}{12} + M_a^2 \frac{1}{3} \right) \qquad (4.33)$$

$$\frac{\partial W}{\partial M_a} = \frac{1}{2EI} \left(q \frac{1^3}{12} + 2 M_a \frac{1}{3} \right)$$

Die Neigung am Balkenende erhält man schließlich durch Bilden des Grenzwertes $M_a \to 0$.

$$\alpha_a = \lim_{M_a \to 0} \frac{\partial W}{\partial M_a} = \frac{q \, 1^3}{24 \, EI} \qquad (4.34)$$

Man erkennt, daß der erste Summand in Gl.(4.33) bei der Ableitung der

Arbeit nach dem angenommenen Moment M_a zu Null wird, weil er M_a nicht enthält. Der letzte Summand verschwindet bei der Grenzwertbildung. Von den drei Integralen bleibt nur eins übrig. Man hätte also die Berechnung dieser Anteile sparen können.

Es erscheint deshalb zweckmäßig, die Arbeit <u>zuerst</u> nach M_a zu <u>differenzieren</u> und den Grenzwert zu bilden und erst dann das übrig gebliebene Integral auszuwerten. Die Vertauschung der Integration über x mit der partiellen Ableitung nach dem Parameter M_a ist erlaubt, wenn die Integralgrenzen nicht von dem Parameter abhängen.

$$\frac{\partial W}{\partial M_a} = \frac{1}{2EI} \int_0^\ell \frac{\partial M_b^2}{\partial M_a}\, dx = \frac{1}{2EI} \int_0^\ell 2\, M_b \frac{\partial M_b}{\partial M_a}\, dx$$

$$= \frac{1}{2EI} \int_0^\ell \left[\frac{q}{2} (1\, x - x^2) + M_a \frac{x}{1} \right] \frac{x}{1}\, dx$$

wobei $\dfrac{\partial M_b}{\partial M_a} = \dfrac{\partial M_{b1}}{\partial M_a} = \dfrac{x}{1}$ ist. Lassen wir jetzt M_a gegen Null gehen, so erhalten wir

$$\alpha = \lim_{M_a \to 0} \frac{\partial W}{\partial M_a} = \frac{1}{EI} \int_0^\ell \frac{q}{2} (1\, x - x^2)\cdot \frac{x}{1}\, dx = \frac{q\, 1^3}{24 EI}$$

in Übereinstimmung mit Gl.(4.34) . Das Integral in der vorstehenden Gleichung erstreckt sich über das Produkt aus dem Biegemoment M_{b0} der gegebenen Belastung und der Ableitung des Biegemomentes M_{b1} nach der angenommenen Kraftgröße M_a . Da das Biegemoment M_{b1} der Kraftgröße M_a proportional ist, erhält man bei der Ableitung denselben Ausdruck, wie wenn man in M_{b1} die angenommene Kraftgröße $M_a = 1$ setzt.

$$M_{b1} = M_a \frac{x}{1} \qquad \frac{\partial M_{b1}}{\partial M_a} = \frac{x}{1} \qquad \overline{M}_{b1} = M_{b1}\,(M_a=1) = \frac{x}{1}$$

Die Größe $\overline{M}_{b1}$ stellt die Verteilungsfunktion des Biegemomentes M_{b1} dar. In unserem Beispiel ist sie eine Linearfunktion nach Bild 77.

$$M_{b1} = M_a\, \overline{M}_{b1} = M_a \frac{x}{1} \tag{4.35}$$

<u>Verallgemeinerung</u>

Gegeben sei ein Biegestab mit den äußeren Lasten F_k . Gesucht ist die Verschiebung des Punktes x_a .

Wir setzen an der Stelle x_a eine Kraftgröße F_a an und bilden die Biegemomente der Belastung und der angenommenen Kraftgröße.

$$M_b = M_b(F_k) + M_b(F_a) = M_{b0} + M_{b1} = M_{b0} + F_a \overline{M}_{b1}$$

Die partielle Ableitung nach der Kraftgröße F_a enthält dann nicht mehr das Biegemoment der gegebenen Kräfte F_k , sondern nur noch die Verteilungsfunktion $\overline{M}_{b1}$ des Biegemomentes der angenommenen Kraftgröße.

$$\frac{\partial M_b}{\partial F_a} = \overline{M}_{b1}$$

Die Ableitung der Formänderungsarbeit nach F_a ist damit

$$\frac{\partial W}{\partial F_a} = \frac{1}{2EI} \int_0^{\ell} \frac{\partial M_b^2}{\partial F_a} \, dx = \frac{1}{2EI} \int_0^{\ell} 2 \, M_b \, \frac{\partial M_b}{\partial F_a} \, dx$$

$$= \frac{1}{EI} \int_0^{\ell} (M_{b0} + F_a \overline{M}_{b1}) \, \overline{M}_{b1} \, dx$$

Der Grenzwert $F_a \rightarrow 0$ liefert schließlich die Verschiebung der Kraftangriffsstelle von F_a in Richtung F_a

$$f_a = \frac{1}{EI} \int_0^{\ell} M_{b0} \, \overline{M}_{b1} \, dx \qquad\qquad (4.36)$$

Wird nicht die Verschiebung einer bestimmten Stelle der Konstruktion sondern der Neigungswinkel gesucht, so muß man anstelle der Kraft F_a ein äußeres Moment M_a ansetzen und das Biegemoment infolge dieses angenommenen Momentes in Gl.(4.36) einsetzen. Aus f_a wird dann α_a wie im vorigen Beispiel.

Man erhält die Verschiebungsgröße an einer Stelle x_a einer Konstruktion, indem man dort die zugehörige Kraftgröße $F_a = 1$ oder $M_a = 1$ ansetzt, die zugehörige Biegemomentenverteilungsfunktion mit der Funktion des Biegemomentes der gegebenen Belastung multipliziert und über die Konstruktion integriert.

Erzeugt die angenommene Kraftgröße neben Biegemomenten auch Längskräfte, Querkräfte und Torsionsmomente oder Schubflüsse in der Konstruktion, so müssen in Gl.(4.36) auch diese Anteile berücksichtigt werden, wenn ihre Beträge von wesentlicher Bedeutung sind. Die Herleitung erfolgt in gleicher Weise. Da die Biegemomente keine Dehnungs- und Schubarbeit leisten, die Längskräfte etc. keine Biegearbeit, sind die einzelnen Anteile voneinander unabhängig. Der formale Nachweis erfolgt wie bei der Kombination von Biegung und Längskraft und wird hier unterdrückt.

Schnittgrößen	infolge der Belastung	infolge $F_a = 1$
Biegemoment	M_{b0}	$\overline{M}_{b1}$
Längskraft	F_{L0}	$\overline{F}_{L1}$
Querkraft	F_{Q0}	$\overline{F}_{Q1}$
Torsionsmoment	M_{t0}	$\overline{M}_{t1}$

$$
f_a = \int \frac{M_{b0}\,\overline{M}_{b1}}{EI}\,ds \;+\; \int \frac{F_{L0}\,\overline{F}_{L1}}{EA}\,ds
$$

$$
+\,\varkappa \int \frac{F_{Q0}\,\overline{F}_{Q1}}{GA}\,ds \;+\; \int \frac{M_{t0}\,\overline{M}_{t1}}{GI_t}\,ds
$$

$$(4.37)$$

Die Integration erstreckt sich über alle Teile der Konstruktion. Deshalb ist hier nicht nur dx eingesetzt worden. In Sonderfällen (konstante Steifigkeit, konstante Schnittgrößen) werden die Integrale zu Summen. Häufig sind die Verteilungsfunktionen linear oder quadratisch. Für solche Funktionen sind zur Erleichterung der Rechnung die Integrale in der folgenden Tabelle zusammengestellt. Die für die Biegemomentverteilungen angegebenen Werte gelten sinngemäß auch für die übrigen Schnittgrößen mit den zugehörigen Steifigkeiten. Die Tabelle gilt nur für konstante Steifigkeiten. Gegebenenfalls muß der Integrationsweg in Teilwege mit stückweise konstanter Steifigkeit der Konstruktion zerlegt werden. In schwierigen Fällen löse man die Integrale in Gl.(4.37) numerisch.

Beispiel

Die Absenkung des Kraftangriffspunktes des aus zwei Gelenkstäben bestehenden Auslegers ist zu bestimmen. Gegeben sind

$E = 2 \cdot 10^4$ kN/cm^2

$A_1 = 2$ cm^2 $\qquad A_2 = 3$ cm^2

Man berechnet

$l_2 = 118{,}0$ cm

$\beta = 26{,}565^\circ$

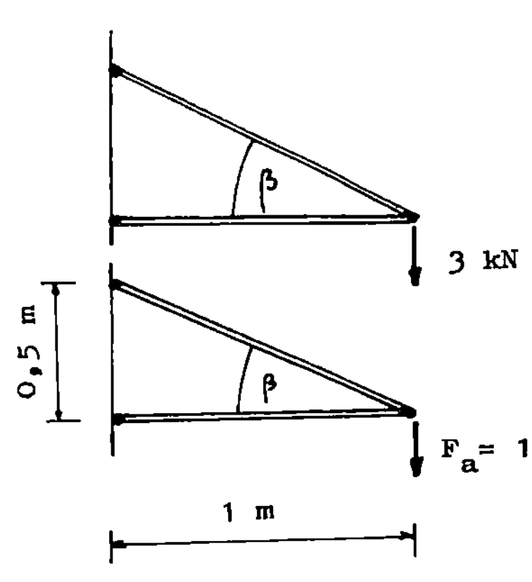

Bild 78   Absenkung eines Auslegers

Werte der Integrale $\int M_i M_k\,dx = l \cdot$ Tafelwert

l	Rechteck $M_k \;\rule{}{}\; M_k$	Dreieck M_k	Dreieck M_k, $\alpha\cdot l$, $\beta\cdot l$
Rechteck $M_i \;\rule{}{}\; M_i$	$M_i M_k$	$\dfrac{1}{2} M_i M_k$	$\dfrac{1}{2} M_i M_k$
Dreieck M_i	$\dfrac{1}{2} M_i M_k$	$\dfrac{1}{3} M_i M_k$	$\dfrac{1}{6}(1+\alpha)\, M_i M_k$
M_i Dreieck	$\dfrac{1}{2} M_i M_k$	$\dfrac{1}{6} M_i M_k$	$\dfrac{1}{6}(1+\beta)\, M_i M_k$
Dreieck M_i, $\alpha\cdot l$, $\beta\cdot l$	$\dfrac{1}{2} M_i M_k$	$\dfrac{1}{6}(1+\alpha)\, M_i M_k$	$\dfrac{1}{3} M_i M_k$
Trapez $M_{i1} \;\rule{}{}\; M_{i2}$	$\dfrac{1}{2}(M_{i1}+M_{i2})\, M_k$	$\dfrac{1}{6}(M_{i1}+2M_{i2})\, M_k$	$\dfrac{1}{6} M_k\,[(1+\beta)\, M_{i1} + (1+\alpha)\, M_{i2}]$
Quadr. Parabel M_i	$\dfrac{2}{3} M_i M_k$	$\dfrac{5}{12} M_i M_k$	$\dfrac{1}{12}(5-\beta-\beta^2)\, M_i M_k$
Quadr. Parabel M_i	$\dfrac{2}{3} M_i M_k$	$\dfrac{1}{4} M_i M_k$	$\dfrac{1}{12}(5-\alpha-\alpha^2)\, M_i M_k$
Quadr. Parabel M_i	$\dfrac{1}{3} M_i M_k$	$\dfrac{1}{4} M_i M_k$	$\dfrac{1}{12}(1+\alpha+\alpha^2)\, M_i M_k$
Quad. Parabel M_i	$\dfrac{1}{3} M_i M_k$	$\dfrac{1}{12} M_i M_k$	$\dfrac{1}{12}(1+\beta+\beta^2)\, M_i M_k$
$\int M_k M_k\,dx$	$M_k M_k$	$\dfrac{1}{3} M_k M_k$	$\dfrac{1}{3} M_k M_k$

Trapez	Quadr. Parabel	Quadr. Parabel	Quadr. Parabel
$\dfrac{1}{2}\,M_i\,(M_{k1}+M_{k2})$	$\dfrac{2}{3}\,M_i\,M_k$	$\dfrac{2}{3}\,M_i\,M_k$	$\dfrac{1}{3}\,M_i\,M_k$
$\dfrac{1}{6}\,M_i\,(M_{k1}+2M_{k2})$	$\dfrac{1}{3}\,M_i\,M_k$	$\dfrac{5}{12}\,M_i\,M_k$	$\dfrac{1}{4}\,M_i\,M_k$
$\dfrac{1}{6}\,M_i\,(2M_{k1}+M_{k2})$	$\dfrac{1}{3}\,M_i\,M_k$	$\dfrac{1}{4}\,M_i\,M_k$	$\dfrac{1}{12}\,M_i\,M_k$
$\dfrac{1}{6}\,M_i\,[(1+\beta)\,M_{k1}+(1+\alpha)\,M_{k2}]$	$\dfrac{1}{3}\,(1+\alpha\beta)\,M_i\,M_k$	$\dfrac{1}{12}\,(5-\beta-\beta^2)\,M_i\,M_k$	$\dfrac{1}{12}\,(1+\alpha+\alpha^2)\,M_i\,M_k$
$\dfrac{1}{6}\,[(2M_{k1}+M_{k2})\,M_{i1}+(M_{k1}+2M_{k2})\,M_{i2}]$	$\dfrac{1}{3}\,(M_{i1}+M_{i2})\,M_k$	$\dfrac{1}{12}\,(3\,M_{i1}+5\,M_{i2})\,M_k$	$\dfrac{1}{12}\,(M_{i1}+3\,M_{i2})\,M_k$
$\dfrac{1}{12}\,M_i\,(3M_{k1}+5M_{k2})$	$\dfrac{7}{15}\,M_i\,M_k$	$\dfrac{8}{15}\,M_i\,M_k$	$\dfrac{3}{10}\,M_i\,M_k$
$\dfrac{1}{12}\,M_i\,(5\,M_{k1}+3M_{k2})$	$\dfrac{7}{15}\,M_i\,M_k$	$\dfrac{11}{30}\,M_i\,M_k$	$\dfrac{2}{15}\,M_i\,M_k$
$\dfrac{1}{12}\,M_i\,(M_{k1}+3M_{k2})$	$\dfrac{1}{5}\,M_i\,M_k$	$\dfrac{3}{10}\,M_i\,M_k$	$\dfrac{1}{5}\,M_i\,M_k$
$\dfrac{1}{12}\,M_i\,(3M_{k1}+M_{k2})$	$\dfrac{1}{5}\,M_i\,M_k$	$\dfrac{2}{5}\,M_i\,M_k$	$\dfrac{1}{30}\,M_i\,M_k$
$\dfrac{1}{3}\,(M_{k1}^2+M_{k2}^2+M_{k1}\,M_{k2})$	$\dfrac{8}{15}\,M_k\,M_k$	$\dfrac{8}{15}\,M_k\,M_k$	$\dfrac{1}{5}\,M_k\,M_k$

Aus Gleichgewichtsbedingungen am Knotenpunkt bestimmt man

$$F_{L01} = 3 \text{ kN}/\sin\beta = 6,708 \text{ kN}$$

$$F_{L11} = 1/\sin\beta = 2,236$$

$$F_{L02} = -3 \text{ kN}/\tan\beta = -6 \text{ kN}$$

$$F_{L12} = -1/\tan\beta = -2$$

Der zweite Index bedeutet die Stabnummer. Druckkräfte sind mit einem Minuszeichen versehen. Man setzt diese Größen in den zweiten Term von Gl.(4.37) ein und erhält

$$f = \frac{F_{L01}\,\bar{F}_{L11}}{EA_1}\, l_1 + \frac{F_{L02}\,\bar{F}_{L12}}{EA_2}\, l_2$$

$$= \frac{6,708 \text{ kN} \cdot 2,236}{4 \cdot 10^4 \text{ kN}} \cdot 118 \text{ cm} + \frac{(-6 \text{ kN}) \cdot (-2)}{6 \cdot 10^4 \text{ kN}} \cdot 100 \text{ cm}$$

$$= 0,0442 \text{ cm} + 0,0200 \text{ cm} = 0,0642 \text{ cm}$$

<u>Beispiel</u>

Man berechne die Absenkung des rechten unteren Knotenpunktes in dem in Bild 79 gezeichneten idealen Fachwerk.

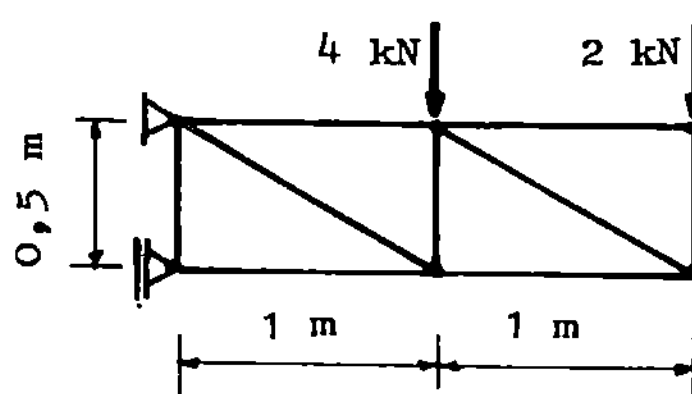

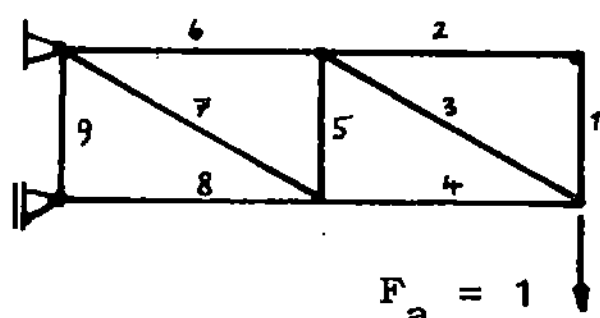

Bild 79   Fachwerk

Wir setzen die Kraft $F_a = 1$ an derjenigen Stelle an, an der die Absenkung gesucht ist und bestimmen die Stabkräfte aus der Belastung und infolge der Kraftgröße $F_a = 1$ mit Hilfe der aus der elementaren Statik bekannten Methoden. Die Stabkräfte und die vorgegebenen Querschnittabmessungen sind in der folgenden Tabelle zusammengestellt.
Als Elastizitätsmodul setzen wir für Stahl $E = 2 \cdot 10^4 \text{ kN}/\text{cm}^2$ ein.
Die Ergebnisse werden wegen der Ungenauigkeit in der Messung des Elastizitätsmoduls gerundet. Man erhält

$$f = 0,12 \text{ cm}$$

Stab Nr.	$\dfrac{l}{cm}$	$\dfrac{A}{cm^2}$	$\dfrac{F_{L0}}{kN}$	$\bar{F}_{L1}$	$\dfrac{F_{L0}\,\bar{F}_{L1}}{EA}\,\dfrac{l}{cm}$
1	50	4	−2	0	0
2	100	4	0	0	0
3	118	4	4,472	2,236	0,01475
4	100	5	−4	−2	0,00800
5	50	5	−6	−1	0,00300
6	100	4	4	2	0,01000
7	118	4	13,416	2,236	0,04425
8	100	8	−16	−4	0,04000
9	50	4	0	0	0
					0,12000

Beispiel

Die Absenkung des Kraftangriffspunktes des Schubfeldträgers nach Bild 80 soll berechnet werden. Der Schubfluß sei im Blechfeld konstant. Gegeben sind $E = 7 \cdot 10^3$ kN/cm^2 und $G = 2,7 \cdot 10^3$ kN/cm^2 .

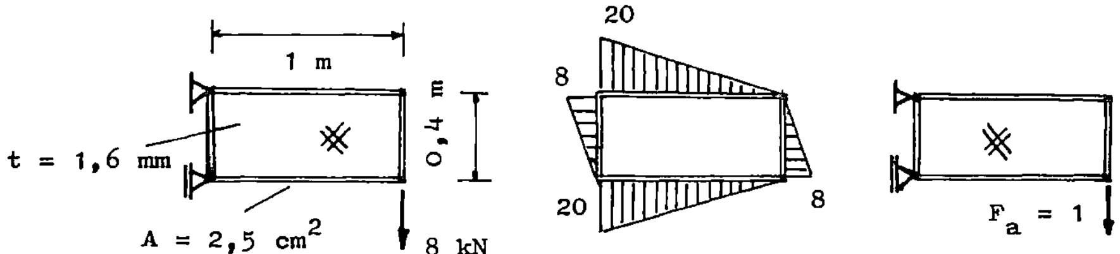

Bild 80   Schubfeldträger

Obwohl nur eine Einzelkraft angreift, wollen wir das allgemeine Verfahren benutzen. In Gl.(4.37) sind die Längskraftanteile für die Randversteifungen und die Querkraftanteile für das Schubfeld anzuwenden. Hier gilt

$$F_{Q0} = q_0\,h \qquad \bar{F}_{Q1} = 1 \qquad A = h\,t \qquad \varkappa = 1$$

Die konstanten Schubkräfte können vor das Integral gezogen werden. Dann bleibt mit $\int ds = b$

$$\frac{\varkappa}{GA}\int F_{Q0}\,\bar{F}_{Q1}\,ds = \frac{q_0\,h}{Ght}\,b = \frac{q_0\,b}{Gt} \tag{4.38}$$

In unserem Beispiel erhält man mit q_0 = 8 kN/40 cm = 0,2 kN/cm für den Schubanteil aus Gl.(4.38) den Wert 0,0463 cm .

Die Berechnung des Längskraftanteils von Gl.(4.37) erfolgt z.B. mit der Integraltafel auf S. 106/7. Wir haben linear verteilte Längskräfte mit dem Größtwert 20 kN in den waagerechten Stäben und 8 kN in den senkrechten Stäben. Für F_a = 1 ergeben sich die gleichen Verteilungen mit den Größtwerten 2,5 in den waagerechten und 1 in den senkrechten Stäben. Aus der Tafel entnimmt man sinngemäß

$$\sum \frac{1}{EA} \int F_{L0}\, \overline{F}_{L1}\, ds = \sum \frac{1}{EA} \cdot \frac{F_{L0max}\, \overline{F}_{L1max}}{3} \cdot 1$$

$$= 2 \cdot \frac{20\ kN \cdot 2,5 \cdot 100\ cm\ +\ 8\ kN \cdot 1 \cdot 40\ cm}{3 \cdot 7 \cdot 10^3\ \frac{kN}{cm^2} \cdot 4\ cm^2}$$

$$= 0,0633$$

Die Absenkung beträgt also

$$f\ =\ \underset{\text{Schubanteil}}{0,0463\ cm}\ +\ \underset{\text{Dehnungsanteil}}{0,0633\ cm}\ =\ \underline{0,11\ cm}$$

Beispiel

Man bestimme die Verschiebung des Endpunktes und dessen Winkelneigung für den gezeichneten Halbrahmen mit der konstanten Streckenlast q = 2 kN/m. Vorgegeben ist ein Stahlträger mit Normprofil I 100 mit $I = 171\ cm^4$ und $E = 2 \cdot 10^4\ kN/cm^2$. Wir berücksichtigen nur die Biegearbeit und setzen alle Kräfte in kN und alle Längen in cm an und unterdrücken alle Einheiten in der Zwischenrechnung.

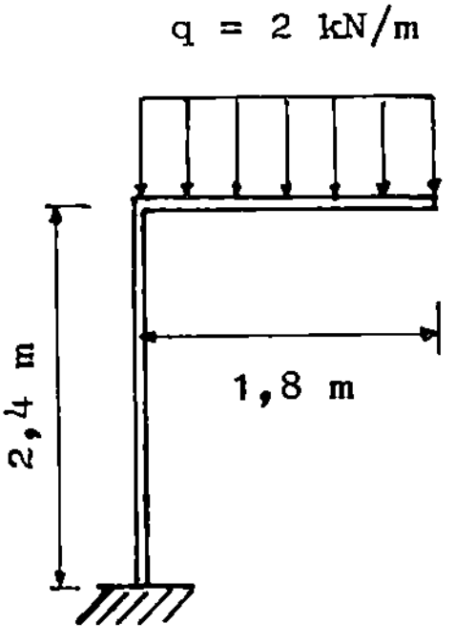

Verschiebung nach rechts

Ansatz einer Kraft F_{ax} = 1 in der vermuteten Verschiebungsrichtung. In Bild 82 sind die Kraft und die zugehörige Biegemomentverteilung $\overline{M}_{b1}$ eingetragen.

Zur Integration benutzen wir die Tafel.

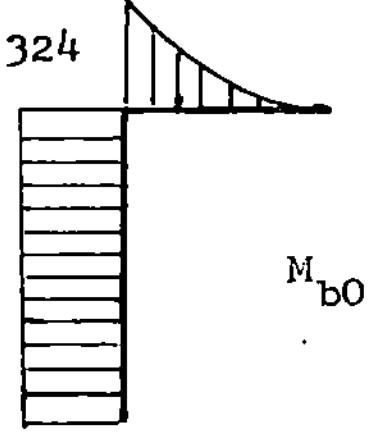

Bild 81   Halbrahmen

$$f_x = \frac{1}{EI} \int M_{b0}\, \overline{M}_{b1}\; ds$$

$$= \frac{324 \cdot 240}{2} \cdot \frac{240}{342 \cdot 10^4}$$

$$= 2{,}40 \; cm$$

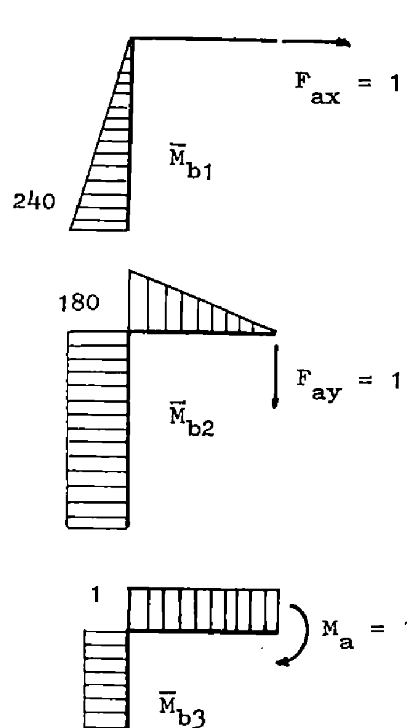

Bild 82   Biegemomentlinien

Verschiebung_nach_unten

Ansatz einer Kraft $F_{ay} = 1$ in der vermuteten Verschiebungsrichtung. Die Integration erstreckt sich jetzt über beide Teilstücke des Rahmens.

$$f_y = \frac{1}{EI} \int M_{b0}\, \overline{M}_{b2}\; ds$$

Vertikalstab : Rechteck mit Rechteck

$$324 \cdot 180 \cdot \frac{240}{342 \cdot 10^4}$$

Horizontalstab : Parabel mit Dreieck

$$\frac{324 \cdot 180}{4} \cdot \frac{180}{342 \cdot 10^4}$$

insgesamt

$$f_y = 4{,}86 \; cm$$

Neigung_am_Ende

Ansatz eines äußeren Momentes $M_a = 1$ in der Richtung des vermuteten Neigungswinkels.

Vertikalstab :   Rechteck mit Rechteck

Horizontalstab :   Parabel mit Rechteck

$$\alpha = \frac{1}{EI} \int M_{b0}\, \overline{M}_{b3}\; ds = \frac{324 \cdot 1}{342 \cdot 10^4} \cdot 240 + \frac{324 \cdot 1}{3 \cdot 342 \cdot 10^4} \cdot 180$$

$$= 0{,}0284 \; rad = 1{,}6^{\circ}$$

Die positiven Vorzeichen in den Ergebnissen zeigen an, daß die angesetzten Richtungen der angenommenen Kraftgrößen richtig waren. Bei anderer Richtung des Ansatzes hätten entgegengesetzt biegende Momente unterschiedliche Vorzeichen gehabt und im Ergenis ein Minuszeichen bewirkt.

5. Statisch unbestimmte Systeme

5.1 Statische Unbestimmtheit

Statisch unbestimmt oder besser statisch unbestimmbar heißen solche Konstruktionen, in denen nicht alle für die Festigkeitsberechnung erforderlichen Schnittgrößen (Biegemomente, Längs- und Querkräfte, Torsionsmomente) allein mit Hilfe der statischen Gleichgewichtsbedingungen bestimmt werden können.

Man unterscheidet zwischen <u>statisch unbestimmt gelagerten</u> Systemen mit überzähligen Auflagern und <u>innerlich statisch unbestimmten</u> Systemen mit überzähligen Bauteilen. Für beide Arten von Systemen gibt es im allgemeinen keine Stelle der Konstruktion, an der die Schnittgrößen bekannt sind, so daß man dort die Berechnung der Schnittgrößen beginnen könnte. Zur Bestimmung der überzähligen Größen sind neben den Gleichgewichtsbedingungen zusätzliche Bedingungen über die Verträglichkeit der Verformungen erforderlich.

Trotzdem werden solche statisch unbestimmten Systeme häufig gebaut, wenn sie zu leichteren Konstruktionen führen oder wenn man erreichen will, daß bei Ausfall eines Bauteiles die Sicherheit der Konstruktion (Flugzeug, Fahrzeug, Schiff, Brücke), wenn auch unter möglicherweise verminderter Belastung, noch gewährleistet sein soll.

Wir definieren

> Grad der statischen Unbestimmtheit
> gleich Anzahl der zusätzlich erforderlichen Bedingungen

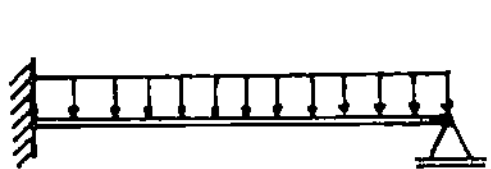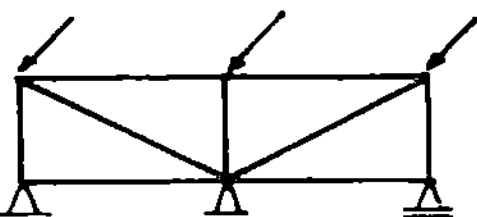

Bild 82   Statisch unbestimmte Lagerung

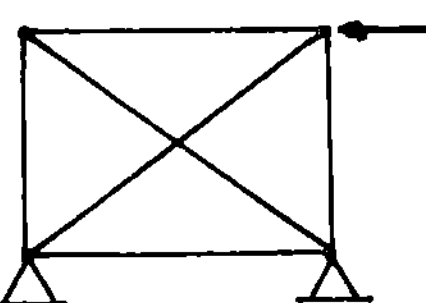

Bild 83   Innerlich statisch unbestimmte Systeme

5.2 Kraftgrößenverfahren

5.2.1 Einführung

Es gibt mehrere Verfahren zur Berechnung von statisch unbestimmten Systemen. Wir wollen hier das Kraftgrößenverfahren behandeln.
Wenn wir bei dem Biegeträger in Bild 82 das rechte Auflager fortnehmen, senkt sich die Auflagerstelle ab. Es entsteht ein statisch bestimmtes Ersatzsystem mit einer bestimmten Biegemomentverteilung.

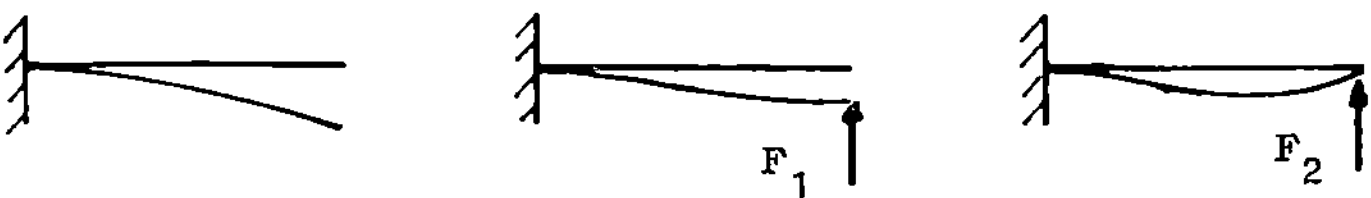

Bild 84   Verträglichkeitsbedingung der Verformungen

Drücken wir jetzt mit einer Kraft F_1 von unten auf das jetzt freie Balkenende, so hebt sich dieses wieder an. Der Betrag der Anhebung hängt von der Größe der aufgewandten Kraft ab. Bei einer bestimmten Kraft F_2 hebt sich das Ende gerade soweit an, daß es mit der Stellung des Auflagers übereinstimmt. Wir können jetzt ohne weiteren Zwang das Lager unter das Balkenende schieben. Dort übernimmt es dann die Aufgabe der Stützkraft F_2 .   Der Betrag von F_2 ergibt sich also aus der Bedingung, daß die durch die Belastung im statisch bestimmt gemachten System verursachte Durchbiegung des Balkenendes gerade wieder rückgängig gemacht wird. Durch das Anheben des Balkenendes verändert sich natürlich die Biegemomentverteilung. Das endgültige Biegemoment wird aus den Anteilen der Belastung und der Endstützkraft für den einseitig eingespannten Balken zusammengesetzt.
Bei dem Fachwerk aus Bild 83 kann man durch Herausnehmen eines Diagonalstabes ein statisch bestimmtes System erzeugen. Alle Stabkräfte können dann nach einem aus der Statik bekannten Verfahren bestimmt werden.

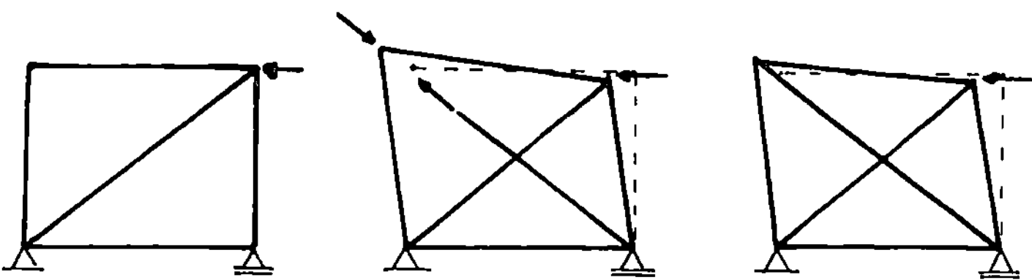

Bild 85   Statisch unbestimmtes Fachwerk

Unter der Belastung verschieben sich die Knotenpunkte. Die Verschiebungen sind in Bild 84 übertrieben dargestellt.
Beim Einsetzen des überzähligen Stabes klafft eine Lücke. Wenn der Stab
oben angeschlossen werden soll, muß man ihn durch eine Zugkraft verlän-
gern und mit der Gegenkraft im Knoten die linke obere Ecke des Fachwerks
wieder heranholen. Bei einer ganz bestimmten Größe der Kraft passen die
Stäbe wieder zueinander. Durch die zusätzliche Kraft werden alle Stabkräfte des statisch bestimmt gemachten Systems verändert. Die endgültigen Stabkräfte ergeben sich aus der Überlagerung der Stabkräfte infolge
der Belastung und der Kräfte infolge des Einpassens des überzähligen
Stabes .
Die Biegemomentverteilung des Rahmens in Bild 83 kann nicht allein aus
Gleichgewichtsbedingungen bestimmt werden, weil es keine Stelle gibt,
an der man die Berechnung beginnen könnte. Wenn man den Rahmen z.B. in
der Symmetrielinie aufschneidet, so sind dort die Schnittgrößen gleich
Null gesetzt, und man kann für dieses statisch bestimmt gemachte System
die Biegemomentverteilung bestimmen.

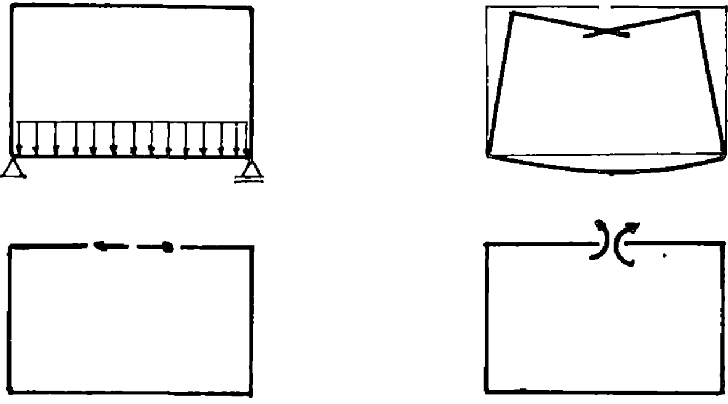

Bild 86   Statisch unbestimmter Rahmen

Beim Aufschneiden des Rahmens würde sich die gezeichnete Verformung ein-
stellen. Zur Wiederherstellung des gegebenen Systems muß man an der
Schnittstelle eine Längskraft- und eine Biegemomentgruppe anbringen. Bei
bestimmter Größe jeder dieser Kraftgruppen kann man bewirken, daß sowohl
keine gegenseitige Verschiebung der Schnittufer als auch keine Differenz
im Neigungswinkel an der Schnittstelle auftritt. Die so zu bestimmenden
Schnittkraftgruppen rufen wieder eine Biegemoment- , Längskraft- und
Querkraftverteilung im Rahmen hervor, die denen aus der Belastung im geschnittenen System zu überlagern sind.

In allen drei Fällen haben wir die gleiche Methode zur Berechnung der gesuchten Größen des statisch unbestimmten Systems benutzt :

a) System statisch bestimmt machen durch Wegnehmen überzähliger Auflager, überzähliger Fachwerkstäbe oder durch Schneiden des Systems.

b) Auflagerkräfte und Schnittgrößen (Biegemomente etc.) im statisch
bestimmt gemachten System berechnen.

c) Statisch unbestimmte Kraftgrößen (Kräfte oder Momente am wegge-
nommenen Auflager, Schnittkraftgruppen im geschnittenen Rahmen etc.)
als äußere Kräfte an dem statisch bestimmt gemachten System ansetzen und die aus diesen folgenden Auflagerkräfte und Schnittkraftgrößen berechnen.

d) Statisch unbestimmte Kraftgrößen aus der Verträglichkeit der Verschiebungsgrößen berechnen.

e) Auflagerkräfte, Biegemomente etc. aus der Belastung und aus den
statisch unbestimmten Kraftgrößen überlagern.

5.2.2 Verallgemeinereung

Die im vorigen Abschnitt qualitativ beschriebenen Verformungen kann man
in einfachen Fällen den Formelsammlungen entnehmen. In komplizierten
Fällen benutzt man besser die in Abschnitt 4 beschriebene Energiemetho-
de.
Wir zerlegen das statisch unbestimmte System in ein statisch bestimmtes
Hauptsystem (Nullsystem) mit der gegebenen Belastung und in Zusatzsyste-
me mit noch unbestimmten Kraftgrößen. Diese sind so zu bestimmen, daß
die Verformungen der Teilsysteme miteinander verträglich sind.
Wählt man nun die statisch unbestimmten Kraftgrößen so aus, daß sie im
gegebenen System keine Arbeit leisten, wie z.B. Kräfte an unverschieb-
lichen Auflagern, Schnittkraftgruppen mit entgegengesetzter Kraftrichtung und gleicher Verschiebungsrichtung , so ist nach Gl.(4.29) und
(4.30) die Ableitung der Formänderungsarbeit nach diesen Kraftgrößen
gleich Null. Damit erhält man für jede statisch unbestimmte Kraftgröße
eine Zusatzgleichung, die zusammen mit den Gleichgewichtsbedingungen
das System lösbar macht.
Da das Verschwinden aller partiellen Ableitungen einer Funktion eine
notwendige Bedingung für den Extremwert einer Funktion ist, kann man
auch sagen, daß die Formänderungsarbeit im endgültigen Zustand des Systems einen Extremwert hat. Daß es sich dabei um ein Minimum handelt,
ergibt sich aus der Überlegung, daß man sich benachbarte Gleichgewichts-
zustände mit größerer Verformung leicht vorstellen kann.

In einem n-fach statisch unbestimmten System (n überzählige Kraftgrößen) kann man bei der Kraftgrößenüberlagerungsmethode schreiben

$$M_b = M_{b0} + M_{b1} + M_{b2} + \ldots + M_{bn}$$

$$= M_{b0} + X_1 \overline{M}_{b1} + X_2 \overline{M}_{b2} + X_3 \overline{M}_{b3} + \ldots + X_n \overline{M}_{bn} \qquad (5.1)$$

Hierin sind die X_k die Beträge der Kraftgrößen und die $\overline{M}_k$ die Verteilungsfunktionen der Biegemomente infolge $X_k = 1$. M_{b0} ist die Bie-
gemomentverteilungsfunktion infolge der Belastung im statisch bestimmt
gemachten System. Ebenso gilt für die

Längskräfte $\qquad F_L = F_{L0} + X_1 \overline{F}_{L1} + X_2 \overline{F}_{L2} + \ldots + X_n \overline{F}_{Ln}$

Querkräfte $\qquad F_Q = F_{Q0} + X_1 \overline{F}_{Q1} + X_2 \overline{F}_{Q2} + \ldots + X_n \overline{F}_{Qn} \qquad (5.2)$

Torsions-
momente $\qquad M_t = M_{t0} + X_1 \overline{M}_{t1} + X_2 \overline{M}_{t2} + \ldots + X_n \overline{M}_{tn}$

Diese Ausdrücke werden in die Gleichung für die Formänderungsarbeit
eingesetzt, die dann nach allen X_k abgeleitet wird.

$$(5.3)$$

$$W = \frac{1}{2} \int \frac{M_b^2}{EI}\, ds + \frac{1}{2} \int \frac{F_L^2}{EA}\, ds + \frac{\varkappa}{2} \int \frac{F_Q^2}{GA}\, ds + \frac{1}{2} \int \frac{M_t^2}{GI_t}\, ds$$

Häufig sind einzelne dieser Arbeitsanteile von untergeordneter Bedeutung (z.B. Längskraftarbeit und Querkraftarbeit bei schlanken Biegeträgern). Dann kann man diese Anteile bei der statisch unbestimmten Rechnung vernachlässigen.

Wir wollen uns das Berechnungsverfahren an einem statisch unbestimmten
Biegeträger klarmachen.

$$W = \frac{1}{2} \int \frac{M_b^2}{EI}\, ds = \frac{1}{2} \int \frac{\left(M_{b0} + \sum\limits_{k=1}^{n} X_k \overline{M}_{bk}\right)^2}{EI}\, ds$$

$$\frac{\partial W}{\partial X_i} = 0 = \frac{1}{2} \int \frac{2 \cdot \left(M_{b0} + \sum\limits_{k=1}^{n} X_k \overline{M}_{bk}\right)}{EI} \cdot \frac{\partial M_b}{\partial X_i}\, ds \qquad (5.4)$$

Aus Gl. (5.1) erkennt man, daß die partielle Ableitung des Biegemomentes
nach X_i gleich $\overline{M}_{bi}$ ist. Setzt man nun diesen Ausdruck in Gl. (5.4)
ein, so erhält man eine Summe über Integrale von Biegemomentprodukten.

$$0 = \int \frac{M_{b0} \overline{M}_{bi}}{EI}\, ds + \sum_{k=1}^{n} \left[X_k \int \frac{\overline{M}_{bk} \overline{M}_{bi}}{EI}\, ds \right] \qquad (5.5)$$

$$i = 1, 2, \ldots, n$$

Mit den Abkürzungen

$$\delta_{0i} = \int \frac{M_{b0}\overline{M}_{bi}}{EI} \, ds \qquad\qquad \delta_{ki} = \int \frac{\overline{M}_{bk}\overline{M}_{bi}}{EI} \, ds \qquad\qquad (5.6)$$

kann man das Gleichungssystem zur Bestimmung der statisch unbestimmten Kraftgrößen in der folgenden Form schreiben ($\delta_{ki} = \delta_{ik}$)

$$\begin{aligned}
\delta_{11} x_1 + \delta_{12} x_2 + \ldots + \delta_{1n} x_n + \delta_{10} &= 0 \\
\delta_{21} x_1 + \delta_{22} x_2 + \ldots + \delta_{2n} x_n + \delta_{20} &= 0 \\
\\
\delta_{n1} x_1 + \delta_{n2} x_2 + \ldots + \delta_{nn} x_n + \delta_{n0} &= 0
\end{aligned} \qquad\qquad (5.7)$$

Das Gleichungssystem ist symmetrisch zur Hauptdiagonale. Die Lösungen werden in Gl.(5.1) und (5.2) eingesetzt. Damit kennt man die endgültige Verteilung der Schnittkraftgrößen in der Struktur und kann den Festigkeitsnachweis führen. Dabei kann es sich ergeben, daß die bei der Berechnung der δ_{ik} angenommenen Querschnittsabmessungen nicht ausreichen oder für den Leichtbau zu groß sind. Dann ist eine zweite Rechnung mit den verbesserten Querschnittswerten erforderlich.
Nur im Sonderfall einer Konstruktion mit überall konstantem Querschnitt (Fachwerk mit lauter gleichen Stäben, Balken mit konstantem Querschnitt auf mehreren Stützen) heben sich die Querschnittsgrößen heraus, und die Kraftgrößen sind von der Bemessung unabhängig.

5.3   Beispiele von ebenen statisch unbestimmten Systemen

5.3.1   Einfach statisch unbestimmter Biegeträger

An einem einfach statisch unbestimmt gelagerten Biegeträger soll zunächst gezeigt werden, daß es verschiedene Möglichkeiten gibt, ein statisch bestimmtes Null-System zu wählen.

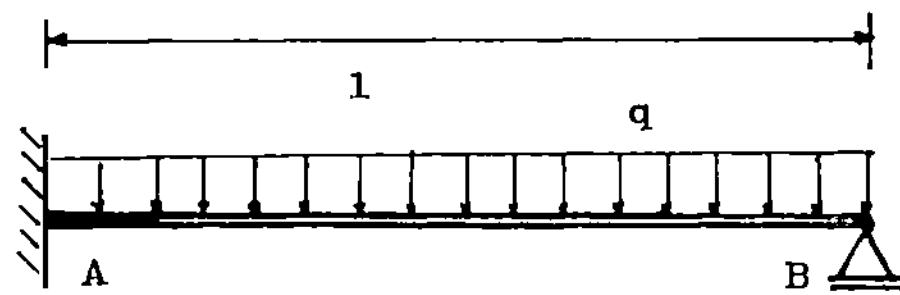

Bild 87   Einfach statisch unbestimmter Biegeträger

Einspannung links lösen   Rechtes Auflager entfernen

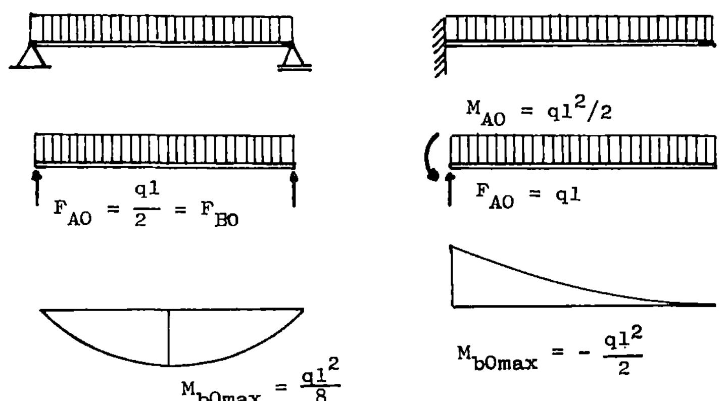

Bild 88   Statische bestimmte Nullsysteme mit Auflagerkräften und Biegemomenten

Einspannmoment X_1 Auflagerkraft X_1

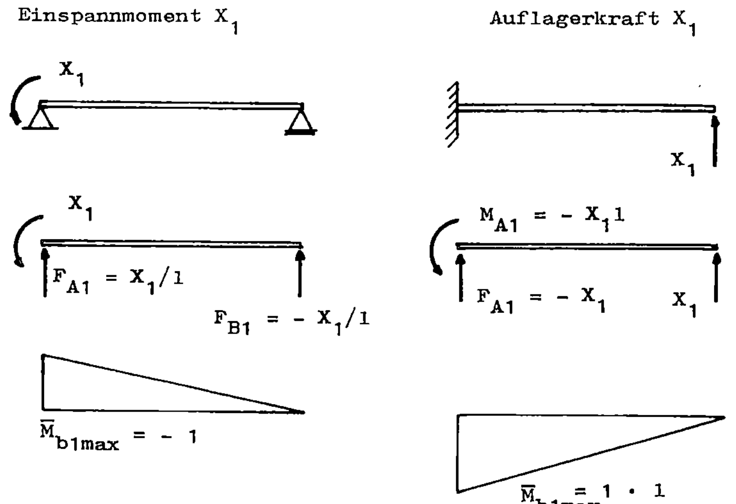

Bild 89   Statisch unbestimmte Kraftgrößen mit Auflagerkräften und Biegemomenten

Die Verschiebungsbeiwerte werden nach Gl.(5.6) berechnet. Der Faktor EI wird herausgezogen. Die Integraltafel von S. 106/7 wird benutzt.

$$EI\,\delta_{10} = \int M_{b0}\,\overline{M}_{b1}\,ds$$

$$EI\,\delta_{01} = \frac{ql^2}{8}\cdot(-1)\cdot\frac{1}{3}\cdot 1 = -\frac{ql^3}{24}$$

zugleich EI-facher Neigungswinkel
am linken Balkenende infolge der
Belastung q

$$EI\,\delta_{01} = -\frac{ql^2}{2}\cdot 1\cdot\frac{1}{4}\cdot 1 = -\frac{ql^4}{8}$$

zugleich EI-fache Absenkung
des rechten Balkenendes
infolge der Belastung q

$$EI\,\delta_{11} = \int \overline{M}_{b1}^2\,ds$$

$$EI\,\delta_{11} = (-1)^2\cdot\frac{1}{3}\cdot 1 = \frac{1}{3}$$

zugleich EI-fache Neigung des
linken Balkenendes infolge $X_1 = 1$

$$EI\,\delta_{11} = 1^2\cdot\frac{1}{3}\cdot 1 = \frac{l^3}{3}$$

zugleich EI-fache Durchbiegung
des rechten Balkenendes infolge
$X_1 = 1$

Elastizitätsgleichungen
Verträglichkeitsbedingungen

$$X_1\,EI\,\delta_{11} + EI\,\delta_{01} = 0$$

$$X_1\cdot\frac{1}{3} - \frac{ql^3}{24} = 0$$

$$X_1\cdot\frac{l^3}{3} - \frac{ql^4}{8} = 0$$

$$X_1 = \frac{ql^2}{8}$$

$$X_1 = \frac{3}{8}\,ql$$

Einspannmoment links

Auflagerkraft rechts

Überlagerung der Auflagerkräfte

$$F_A = \frac{1}{2}\,ql + \frac{1}{8}\,ql = \frac{5}{8}\,ql$$

$$F_A = ql - \frac{3}{8}\,ql = \frac{5}{8}\,ql$$

$$F_B = F - F_A = \frac{3}{8}\,ql$$

$$M_A = 0 + \frac{1}{8}\,ql^2 = \frac{1}{8}\,ql^2$$

$$M_A = \frac{1}{2}\,ql^2 - \frac{3}{8}\,ql^2 = \frac{1}{8}\,ql^2$$

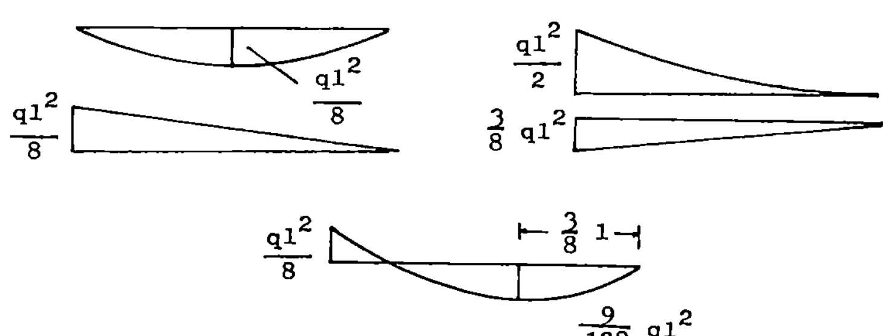

Bild 90   Überlagerung der Biegemomente

5.3.2   Statisch unbestimmtes Fachwerk

Die Methode wird an einem idealen Fachwerk mit nur einem überzähligen
Stab gezeigt. Die Erweiterung auf Fachwerke mit mehreren überzähligen
Stäben oder überzähligen Auflagern bringt prinzipiell nichts Neues, er-
fordert nur mehr Rechenaufwand.
Nehmen wir für unser Fachwerk konstante gleiche Querschnitte für alle
Fachwerkstäbe an, dann besteht das Integral in Gl.(5.3) sinngemäß auf
Gl.(5.6) übertragen nur aus dem Produkt zweier Stabkräfte und der Stab-
länge.

$$EA\ \delta_{ik} = \sum (\bar{F}_{Li}\ \bar{F}_{Lk} \cdot 1\ )$$

Das Fachwerk kann durch Lösen des Stabes 6 statisch bestimmt gemacht
werden. Die statisch unbestimmte Kraftgröße ist die Gleichgewichtskraft-
gruppe X_1 in der linken oberen Ecke, die die Klaffung bei der Belastung des geschnittenen Systems wieder rückgängig machen muß.

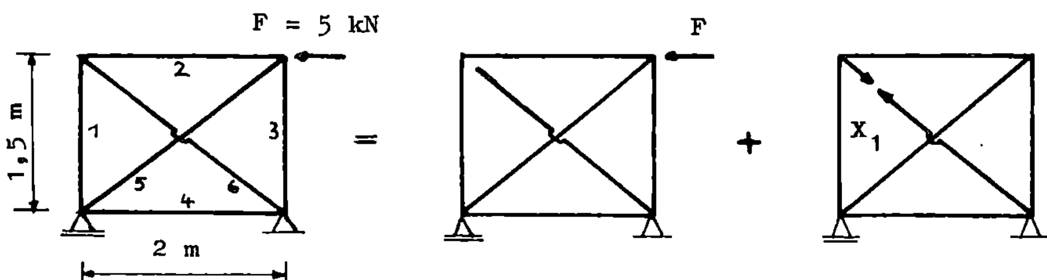

Bild 91   Statisch unbestimmtes Fachwerk

Die Stabkräfte in dem statisch bestimmt gemachten System infolge der
Belastung und infolge der Kraftgruppe $X_1=1$ sind in der Tabelle (mit
Minuszeichen für Druckkräfte) eingetragen. Alle Kräfte sind in kN ,
alle Längen in m angegeben;

Stab Nr.	1	F_{LO}	$\bar{F}_{L1}$	$F_{LO}\bar{F}_{L1}\cdot 1$	$\bar{F}_{L1}^2\cdot 1$	$F = F_{LO} + X_1\bar{F}_{L1}$
1	1,5	0	-0,6	0	0,54	-1,875
2	2	0	-0,8	0	1,28	-2,5
3	1,5	3,75	-0,6	-3,375	0,54	1,875
4	2	5	-0,8	-8	1,28	2,5
5	2,5	-6,25	1	-15,635	2,5	-3,125
6	2,5	0	1	0	2,5	3,125
				-27,0	8,64	
				$EA\ \delta_{01}$	$EA\ \delta_{11}$	

Elastizitätsgleichung (Verträglichkeitsbedingung)

$$EA \; \delta_{01} + X_1 \; EA \; \delta_{11} = 0$$

$$-27,0 + X_1 \cdot 8,64 = 0$$

$$X_1 = 3,125 \; kN$$

Die letzte Spalte der Tabelle entsteht durch Überlagerung der Stabkräfte aus der Belastung und aus der statisch unbestimmten Kraftgröße X_1 mit dem vorher berechneten Betrag.

5.3.3 Symmetrischer geschlossener Rahmen

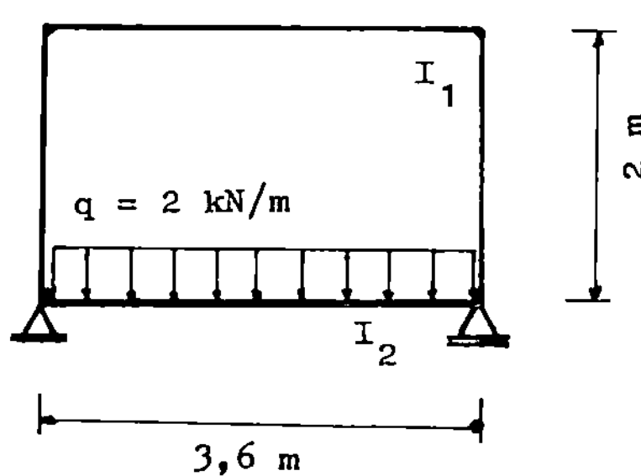

Bild 92   Geschlossener Rahmen

Der in Bild 92 gezeichnete Rahmen hat im unteren Riegel ein doppelt so großes Flächenträgheitsmoment wie im oberen Riegel und in den Stielen (Vertikalstäbe).
Wir suchen die Biegemomentverteilung in dem Rahmen.

Das System kann durch Aufschneiden des Rahmens statisch bestimmt gemacht werden. Weil beim Schneiden an irgendeiner Stelle eine gegenseitige Neigungsdifferenz der Schnittufer, eine gegenseitige Horizontalverschiebung und eine gegenseitige Vertikalverschiebung auftreten können, ist das System dreifach statisch unbestimmt. Zur Wiederherstellung des Zusammenhanges benötigt man das Zusammenwirken dreier Kraftgrößengruppen : Biegemomentgruppe, Längskraftgruppe und Querkraftgruppe (Bild 93). Diese Kraftgruppen sind jede für sich im Gleichgewicht und verursachen deshalb keine Auflagerkräfte.

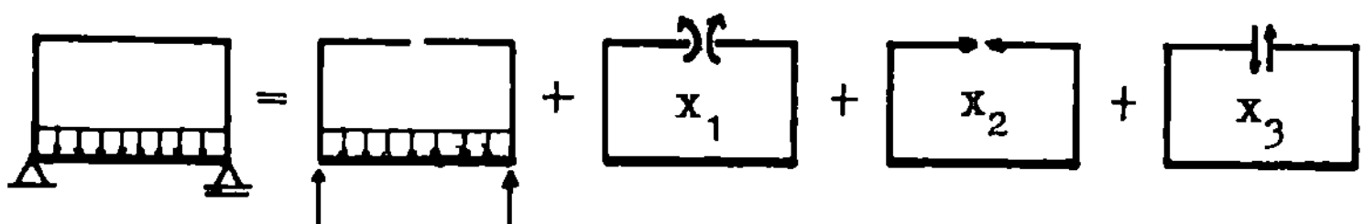

Bild 93   Aufteilung der Kräfte im Rahmen

Bei symmetrischem Aufbau und symmetrischer Belastung des Rahmens kann der Grad der statischen Unbestimmtheit vermindert werden, wenn man den Schnitt in die Symmetrieachse legt. Dann muß nämlich die sogenannte antisymmetrische Kraftgruppe X_3 gleich Null sein, weil in keinem der Teilsysteme 0 , 1 oder 2 eine gegenseitige Vertikalverschiebung der Schnittufer auftreten kann, also auch keine Kraft zu deren Korrektur erforderlich ist. Formal werden außer δ_{33} alle $\delta_{3k} = 0$, so daß aus $\delta_{33}X_3 = 0$ sofort $X_3 = 0$ folgt.

Wir legen in unserem Beispiel deshalb den Schnitt in die Symmetrieachse und vernachlässigen bei den schlanken Biegestäben die Formänderungsarbeit aus Längskraft und Querkraft. Die Biegemomente infolge der Belastung und der Kraftgrößen X_1 und X_2 sind in Bild 94 aufgetragen. Zur Benutzung der Integraltafel auf S.106/7 sind die Größtwerte der Biegemomente eingetragen Die Vorzeichen sind willkürlich so festgesetzt, daß ein positives Vorzeichen bedeutet, daß die Zugseite des Biegestabes außen liegt.

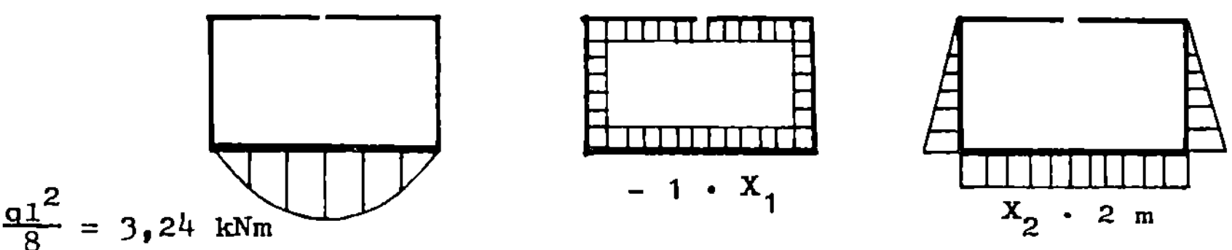

Bild 94   Biegemomentverteilung im geschnittenen Rahmen

Da das Flächenträgheitsmoment nicht konstant ist, multipliziert man die Verschiebungsgleichungen zweckmäßig mit einer Bezugsbiegesteifigkeit, z.B. mit EI_1 .

$$EI_1\,\delta_{ik} = \frac{I_1}{I_2} \int \overline{M}_{bi}\overline{M}_{bk}\, dx + \int \overline{M}_{bi}\overline{M}_{bk}\, dx + 2 \int \overline{M}_{bi}\overline{M}_{bk}\, dz$$

$$\text{unten} \qquad\qquad \text{oben} \qquad\qquad \text{beide Seiten}$$

In unserem Beispiel steht dann vor dem ersten Integral der Faktor 1/2 , weil der untere Stab sich wegen der doppelten Biegesteifigkeit gegenüber den anderen Stäben nur halb so stark verformt. Der Faktor 2 vor dem letzten Integral ergibt sich aus der Zusammenfassung der beiden Integrale über die Seitenstäbe.
In der folgenden Rechnung sind die Krafteinheiten kN und die Längeneinheiten m nicht mitgeschrieben.

$$EI_1\,\delta_{10} = 0,5 \cdot \tfrac{2}{3} \cdot 3,24 \cdot (-1) \cdot 3,6 = -3,888$$

$$EI_1\,\delta_{20} = 0,5 \cdot \tfrac{2}{3} \cdot 3,24 \cdot 2 \cdot 3,6 = 7,776$$

$$EI_1 \, \delta_{11} = 0,5 \cdot (-1)^2 \cdot 3,6 + (-1)^2 \cdot 3,6 + 2 \cdot (-1)^2 \cdot 2$$

$$= 9,4$$

$$EI_1 \, \delta_{12} = 0,5 \cdot (-1) \cdot 2 \cdot 3,6 + 2 \cdot \frac{1}{2} \cdot (-1) \cdot 2 \cdot 2$$

$$= -7,6$$

$$EI_1 \, \delta_{22} = 0,5 \cdot 2^2 \cdot 3,6 + 2 \cdot \frac{1}{3} \cdot 2^2 \cdot 2 = 12,533$$

Damit erhält man das Gleichungssystem

$$9,4 \, X_1 - 7,6 \, X_2 - 3,888 = 0$$

$$-7,6 \, X_1 + 12,533 \, X_2 + 7,776 = 0$$

mit der Lösung $\qquad X_1 = -0,173$ kN m $\qquad X_2 = -0,725$ kN

Die Minuszeichen in der Lösung bedeuten, daß die Richtung der in Bild
93 angesetzten Kraftgrößen umgekehrt werden muß. Die Überlagerung der
in Bild 94 aufgetragenen Biegemomentkurven ergeben die endgültige Biegemomentverteilung (Bild 95) .

Bei einer zulässigen Spannung von z.B. $\sigma_{zul} = 15$ kN/cm^2 benötigt man
ein Widerstandsmoment
im unteren Riegel $\qquad W = \dfrac{M_{b \, max}}{\sigma_{zul}} = \dfrac{196 \text{ kN cm}}{15 \text{ kN/cm}^2} = 13,1$ cm^3

in den Stielen $\qquad W = \dfrac{128 \text{ kN cm}}{15 \text{ kN/cm}^2} = 8,6$ cm^3

Ein Rohr mit $\quad d_a = 60$ mm $\quad$ hat bei einer Wanddicke

$t = 7$ mm $\qquad W = 13,9$ cm^3 $\qquad I = 41,6$ cm^4

$t = 4$ mm $\qquad W = 9,24$ cm^3 $\qquad I = 27,7$ cm^4

Eine Bemessung des Riegels mit dem 7 mm -Rohr und der Stiele mit dem
4 mm -Rohr würde ausreichen und auch das angenommene Verhältnis der
Trägheitsmomente ungefähr treffen.

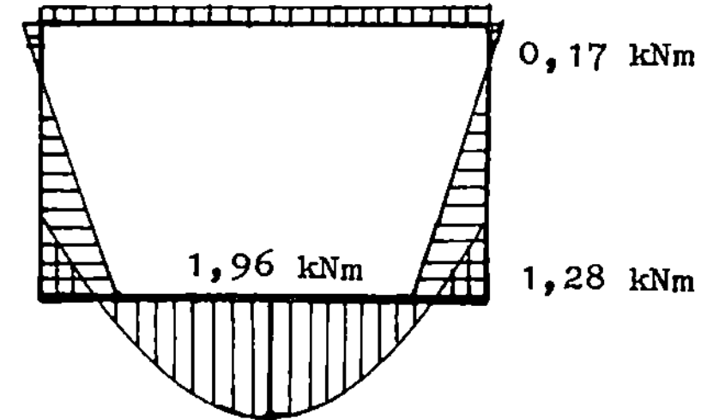

Bild 95 $\quad$ Biegemomentverteilung im geschlossenen Rahmen

5.3.4   Rumpfspant eines Flugzeugs

In Bild 96 ist der aus einem Flugzeugrumpf mit Kreisquerschnitt freigemachte Krafteinleitungsspant gezeichnet. Er wird durch die Rumpfhaut gestützt. Der zwischen Rumpfhaut und Spant übertragene Schubfluß ist in Bild 96 der Deutlichkeit halber etwas von der Spantaußenseite entfernt gezeichnet worden. Er stellt einerseits die "Auflagerkraft" für den Spant dar und bedeutet andererseits die Schubflußdifferenz der vor und hinter dem Spant liegenden Abschnitte der Rumpfhaut.

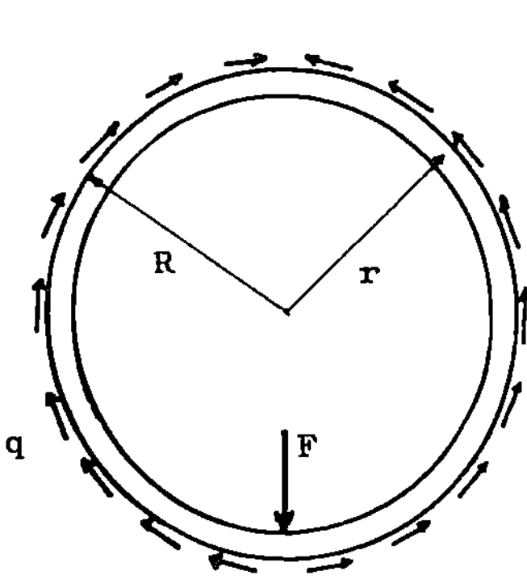

Bild 96   Rumpfspant

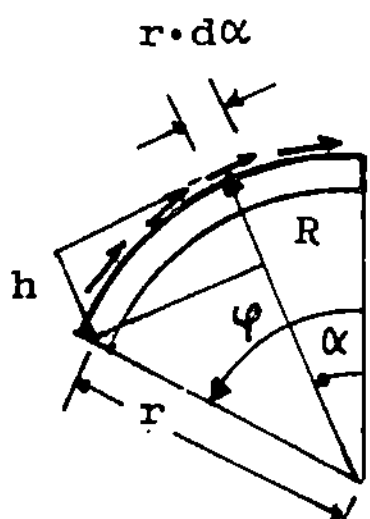

Bild 97   Rumpfspantausschnitt

Schubfluß nach Gl.(2.47)

$$q = \frac{F}{\pi R} \sin \alpha$$

Der Rumpfspant mit Radiallast ist zweifach statisch unbestimmt, wenn der Schnitt in die Symmetrieachse gelegt wird. Die statisch unbestimmten Kraftgrößen sind ein Moment und eine Längskraft in der Schnittstelle.

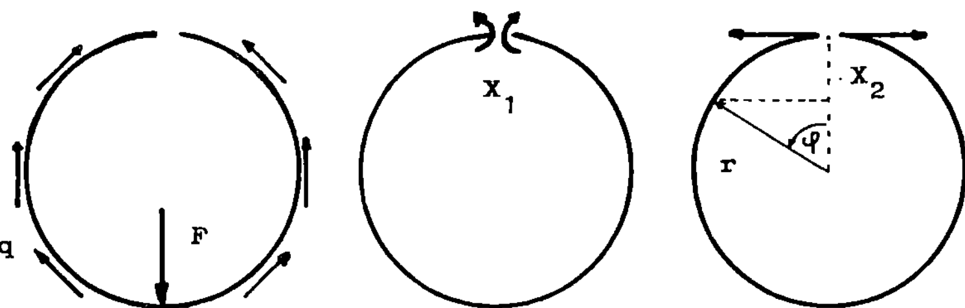

Bild 98   Geschnittener Rumpfspant

Bei der Herleitung der Biegemomente wird vorausgesetzt, daß der Spant starr ist, d.h. daß man das Biegemoment infolge der Verformung des Spantes nicht berücksichtigt (Theorie 1.Ordnung) . Diese Näherung ist nur bei Spanten mit großer Biegesteifigkeit zulässig. Im allgemeinen hängt die Biegemomentverteilung von der Biegesteifigkeit ab. In [8] findet man Kurvenblätter für die Schnittkraftgrößen von elastischen Spanten für verschiedene Belastungen. Hier wird exemplarisch die Biegemomentverteilung im unverformten Spant bei radialer Krafteinleitung berechnet.

Zur Herleitung des Biegemomentes bei der Winkelkoordinate φ betrachten wir Bild 97. Der Schubfluß q an der Stelle α bewirkt an der Stelle φ das Moment

$$dM_{b0} = q \cdot R \, d\alpha \cdot h = \frac{F}{\pi R} \sin\alpha \cdot R \, d\alpha \cdot \left[R - r \cos(\varphi - \alpha) \right]$$

Das Moment aller zwischen dem Schnitt oben und der Winkelkoordinate liegenden Schubflußanteile ergibt sich aus der Integration.

$$M_{b0} = \frac{FR}{\pi} \int_0^{\varphi} \sin\alpha \left[1 - \frac{r}{R} \cos(\varphi - \alpha) \right] d\alpha$$

$$M_{b0} = \frac{FR}{\pi} \left(1 - \cos\varphi - \frac{1}{2} \frac{r}{R} \varphi \sin\varphi \right) \tag{5.8}$$

Die Biegemomente aus den statisch unbestimmten Kraftgrößen X_1 und X_2 kann man aus Bild 98 ablesen. Sie biegen entgegengesetzt zum Moment aus dem Schubfluß und werden deshalb negativ angesetzt.

$$M_{b1} = -X_1 \qquad\qquad \bar{M}_{b1} = -1 \tag{5.9}$$

$$M_{b2} = -X_2 \, r \, (1 - \cos\varphi) \qquad \bar{M}_{b2} = -r \, (1 - \cos\varphi) \tag{5.10}$$

Bei der Berechnung der Verschiebungsbeiwerte δ_{ik} beschränken wir uns wegen der Symmetrie auf eine Spanthälfte. EI sei konstant.

$$EI \, \delta_{11} = \int \bar{M}_{b1}^2 \, ds = \int_0^{\pi} (-1)^2 \, r \, d\varphi = \pi \, r$$

$$EI \, \delta_{12} = \int \bar{M}_{b1}\bar{M}_{b2} \, ds = \int_0^{\pi} (-1)\cdot(-r)\cdot(1 - \cos\varphi) \, r \, d\varphi = \pi r^2$$

$$EI \, \delta_{22} = \int \bar{M}_{b2}^2 \, ds = \int_0^{\pi} r^2 (1 - \cos\varphi)^2 \, r \, d\varphi = \frac{3}{2} \pi \, r^3$$

$$EI \, \delta_{10} = \int \bar{M}_{b1} M_{b0} \, ds = -\int_0^{\pi} \frac{FR}{\pi} \left(1 - \cos\varphi - \frac{1}{2} \frac{r}{R} \varphi \sin\varphi \right) r \, d\varphi$$

$$= -FRr \left(1 - \frac{1}{2} \frac{r}{R} \right)$$

$$EI \, \delta_{20} = \int \bar{M}_{b2} M_{b0} \, ds =$$

$$= -\int_0^{\pi} r(1 - \cos\varphi) \frac{FR}{\pi} \left(1 - \cos\varphi - \frac{1}{2} \frac{r}{R} \varphi \sin\varphi \right) r \, d\varphi$$

$$EI\,\delta_{20} = -FRr^2\left(\frac{3}{2} - \frac{5}{8}\frac{r}{R}\right)$$

Das Gleichungssystem für die statisch unbestimmten Kraftgrößen

$$\pi r\, X_1 + \pi r^2 X_2 - FRr\left(1 - \frac{1}{2}\frac{r}{R}\right) = 0$$

$$\pi r^2 X_1 + \frac{3}{2}\pi r^3 X_2 - FRr^2\left(\frac{3}{2} - \frac{5}{8}\frac{r}{R}\right) = 0$$

hat die Lösung

$$X_1 = -\frac{FR}{\pi}\cdot\frac{1}{4}\frac{r}{R} \qquad\qquad X_2 = \frac{FR}{\pi r}\left(1 - \frac{1}{4}\frac{r}{R}\right) \qquad\qquad (5.11)$$

Setzt man diese Werte in Gl.(5.9) und (5.10) ein und überlagert diese
Ausdrücke mit M_{b0} aus Gl.(5.8), so erhält man die Biegemomentverteilung
in einer Spanthälfte als Funktion der Winkelkoordinate .

$$M_b = M_{b0} + X_1\overline{M}_{b1} + X_2\overline{M}_{b2}$$

$$= \frac{FR}{\pi}\left(1 - \cos\varphi - \frac{1}{2}\frac{r}{R}\varphi\sin\varphi\right) + \frac{FR}{\pi}\cdot\frac{1}{4}\frac{r}{R}$$

$$- \frac{FR}{\pi r}\left(1 - \frac{1}{4}\frac{r}{R}\right) r\left(1 - \cos\varphi\right)$$

$$M_b = \frac{F\,r}{4\,\pi}\left(2 - \cos\varphi - 2\,\varphi\sin\varphi\right) \qquad\qquad (5.12)$$

Diese Biegemomentverteilung ist in Bild 99 aufgetragen.

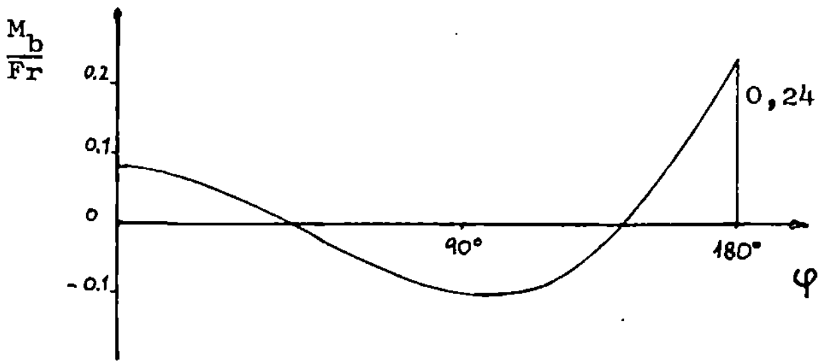

Bild 99   Biegemomentverteilung in einem Kreisringspant mit Radiallast

Literaturverzeichnis

1. Bruhn, E.F. : Analysis and Design of Flight Vehicle Structures
   Cincinnati/Ohio 1965

2. Czerwenka, G. u. W.Schnell : Einführung in die Rechenmethoden
   des Leichtbaus, Mannheim 1967 und 1970

3. Girkmann, K. : Flächentragwerke, Wien 1974

4. Hertel, H. : Leichtbau, Berlin-Göttingen-Heidelberg Reprint 1979

5. Kollbrunner, C.F. u. M.Meister : Ausbeulen, Berlin-Göttingen-
   Heidelberg 1958

6. Pflüger, A. : Stabilitätsprobleme der Elastostatik, Berlin-
   Göttingen-Heidelberg-New York 1975

7. Schapitz, E. : Festigkeitslehre für den Leichtbau, Düsseldorf 1963

8. Handbuch Struktur-Berechnung, München 1981

<u>Formelzeichenliste</u>

a	Seitenlänge eines Feldes
A	Querschnittsfläche
A_{St}	Querschnittsfläche einer Versteifung (Stringer)
A_G	Querschnittsfläche eines Gurtes
A_u	Von einem dünnwandigen Hohlquerschnitt umrandete Fläche
b	kleinere Seite eines Rechteckfeldes, Breite
c	Federkonstante
d	Durchmesser
d_a	Außendurchmesser eines Rohres
d_i	Innendurchmesser eines Rohres
e	Exzentrizität, Koordinate des Schubmittelpunktes
E	Elastizitätsmodul
E_t	Tangentenmodul
f	Federweg, Verschiebung
F	Kraft
F_K	Knickkraft
F_L	Längskraft
$\overline{F}_L$	Verteilungsfunktion der Längskraft
F_Q	Querkraft
$\overline{F}_Q$	Verteilungsfunktion der Querkraft
F_o	Obergurtkraft
F_u	Untergurtkraft
g	Fallbeschleunigung
G	Schubmodul
h	Höhe
i	Zählindex
I	Flächenträgheitsmoment
j	Sicherheitsfaktor
k	Konstante, Zählindex
K	Konstante
l	Länge
l_k	Knicklänge
M_b	Biegemoment
$\overline{M}_b$	Verteilungsfunktion des Biegemomentes
M_t	Torsionsmoment
$\overline{M}_t$	Verteilungsfunktion des Torsionsmomentes
n	Normalkraftfluß, Zählindex
q	Schubfluß , Streckenlast
r, R	Radius
r_P	Radiusvektor zum Punkt P

r_t	Radiusvektor senkrecht zur Tangente, Hebelarm der Schubkraft
s	Bogenlänge
S	Statisches Moment
t	Wanddicke
u	Umfangskoordinate
v	Verschiebung
V	Volumen
w	Verwölbung
W	Arbeit, Formänderungsarbeit
W_a	Arbeit der äußeren Kräfte
W_i	Arbeit der inneren Kräfte
x	Koordinate
y	Koordinate
z	Koordinate
α	Winkel, Neigungswinkel
β	Winkel
γ	Schiebewinkel
δ_{ik}	Verschiebungsbeiwerte
ε	Dehnung
ϑ	spezifischer Drillwinkel
ν	Querkontraktionszahl
ϱ	Dichte
σ	Spannung
σ_b	Biegespannung
σ_B	Beulspannung
σ_S	Streckgrenze des Werkstoffes
τ	Schubspannung
τ_B	Schubbeulspannung
φ	Drillwinkel

Sachverzeichnis

Weitere Teubner Fachbücher für Ingenieure

Becker/Dreyer/Haacke/Nabert: Numerische Mathematik für Ingenieure
349 Seiten. DM 42,--

Brauch: Programmierung mit BASIC
200 Seiten. DM 12,80

Brauch: Programmierung mit FORTRAN
5. Aufl. 224 Seiten. DM 14,80

Brauch/Dreyer/Haacke: Mathematik für Ingenieure
des Maschinenbaus und der Elektrotechnik
6. Aufl. 767 Seiten. DM 58,--

Dobrinski/Krakau/Vogel: Physik für Ingenieure
5. Aufl. XII, 581 Seiten. DM 44,80

Haacke u.a.: Datenverarbeitung für Ingenieure
des Maschinenbaus und der Elektrotechnik
VIII, 315 Seiten. DM 38,--

Hahn: Bruchmechanik
221 Seiten. DM 34,--

Holzmann/Meyer/Schumpich: Technische Mechanik

Band 1: Statik
5. Aufl. VII, 182 Seiten. DM 30,--

Band 2: Kinematik und Kinetik
4. Aufl. X, 365 Seiten. DM 42,--

Band 3: Festigkeitslehre
4. Aufl. XII, 336 Seiten. DM 42,--

Kaletsch: Programmierung mit PL/I
160 Seiten. DM 12,80

Kneubühl: Repetitorium der Physik
XVI, 632 Seiten. DM 30,80

Magnus: Schwingungen
3. Aufl. 251 Seiten. DM 26,80

Schwarz: Methode der finiten Elemente
320 Seiten. DM 32,--

Schwarz: FORTRAN-Programme zur Methode der finiten Elemente
208 Seiten. DM 21,80

Preisänderungen vorbehalten